URBAN DESIGN & TOWN PLANNING
COMPETITION 2020

2020　第7回　都市・まちづくりコンクール

［編］都市・まちづくりコンクール実行委員会／株式会社 総合資格

CONTENTS

都市・まちづくりコンクールの開催および
作品集発行にあたって

　私たち総合資格学院は、「ハイレベルなスキルと高い倫理観を持つ技術者の育成を通じ、安心・安全な社会づくりに貢献する」ことを企業理念として、創業以来、建築関係を中心とした資格スクールを運営してきました。昨今、「労働人口の減少」は社会全体の問題となっており、建設業界の「技術者」の不足が深刻化しています。当学院にとっても、技術者不足解消は使命であると考え、有資格者をはじめとした建築に関わる人々の育成に日々努めています。

　その一環として、将来の活躍が期待される、建築の世界を志す学生の方々がさらに大きな夢を抱き、志望の進路に突き進むことができるよう、さまざまな支援を行っています。設計コンクール・コンペティションの開催や全国の卒業設計展への協賛、それらの作品集の発行、建設業界研究セミナーなどは代表的な例です。

　本年、第7回目となる「都市・まちづくりコンクール」を主催し、本コンクールをまとめた作品集を発行いたしました。例年であれば、一堂に会して公開審査を実施し、模型を前にしてプレゼンテーションを行ってきましたが、今年度は新型コロナウイルス感染拡大を防止するため、当学院各校の教室を利用して、全国13会場に分散しての開催となりました。苦肉の策ではありましたが、結果的には審査員の皆様、出展者の皆様の安心・安全を守りながら、非常に実り豊かな議論が展開され、とても充実したコンクールが開催できました。

　“都市・まちづくり”をテーマとした設計展は大変珍しく、本コンクールは出展者の皆様が学生生活で取り組まれてきた成果を発表し、批評を受ける貴重な機会となっています。また、都市計画や建築を学ぶ学生同士が、お互いの作品から学び刺激を受け、さらに視野を広げてもらうことを期待しています。そして皆様の成果を記録した本作品集が、社会に広く発信され読み継がれることで、本コンクールがより一層有意義な場として発展していくことを願っています。

　「都市・まちづくりコンクール」に参加された学生の皆様、また本誌をご覧になった方々が、時代の変化を捉えて新しい建築の在り方を構築し、高い倫理観と実務能力を持った建築家そして技術者となって、将来、家づくり、都市づくり、国づくりに貢献されることを期待しています。

総合資格学院 学院長

岸 隆司

2020 第7回
都市・まちづくりコンクール

〔開催趣旨〕

　都市・まちづくりは社会構造の変化、少子高齢化、災害対策などにより、常に改変を求められるものであります。また、その目的も成果も多種多様であり、単にそこに存在する人々の「活性化」や「賑わい」だけが求められるものではなく、環境改善への貢献、歴史的意義やサステナブル都市としての要求等も常に求められる非常に有機的で難解な研究領域であります。こうした領域に取り組む学生の育成を図る目的で、自ら問題意識を見出した課題において、真摯に向き合い、さまざまなアイディアと努力により創り上げた力ある作品を募集します。学生たちが生み出した景観や創造価値と作品に込められた熱意を評価し、また、他学との交流を通じて、さらに視野を広げてもらうことを期待します。加えて一般の方にも公開し、都市・まちづくりに対する理解、関心を深めます。

> ※『2020 第7回 都市・まちづくりコンクール』は、新型コロナウイルス感染拡大防止のため、総合資格学院各校の教室を利用し13会場に分散して開催しました。出展者のプレゼンテーションと審査員の質疑応答はTV会議システムを通して行われました。

〔主催〕

総合資格学院／都市・まちづくりコンクール実行委員会
実行委員長：小林 正美（明治大学 副学長／
　　　　　　　　アルキメディア設計研究所 主宰）

〔本選出展作品〕

53作品

〔審査会日程〕

2020年3月12日（木）9:00 〜 19:30

〔会場〕

審査会場：総合資格学院 新宿校
プレゼンテーション会場：総合資格学院 各校（13会場）

〔協賛〕

清水建設 株式会社／日刊建設工業新聞社／
日刊建設通信新聞社

〔後援〕

日本都市計画家協会／都市環境デザイン会議／
日本建築士会連合会／日本建築学会／
東京都建築士事務所協会／日本建築家協会／
GSデザイン会議

〔審査員〕

審査員長：小林 英嗣（北海道大学 名誉教授／
　　　　　　　　日本都市計画家協会 会長）

小林 正美　（明治大学 副学長／
　　　　　　　アルキメディア設計研究所 主宰）

江川 直樹　（関西大学 教授／現代計画研究所 顧問）

角野 幸博　（関西学院大学 教授）

北川 啓介　（名古屋工業大学 教授）

柴田 久　　（福岡大学 教授）

鳥山 亜紀　（清水建設 設計本部
　　　　　　　プリンシパル・プランナー）

中島 直人　（東京大学 准教授）

中野 恒明　（芝浦工業大学 名誉教授／
　　　　　　　アプル総合計画事務所 代表取締役）

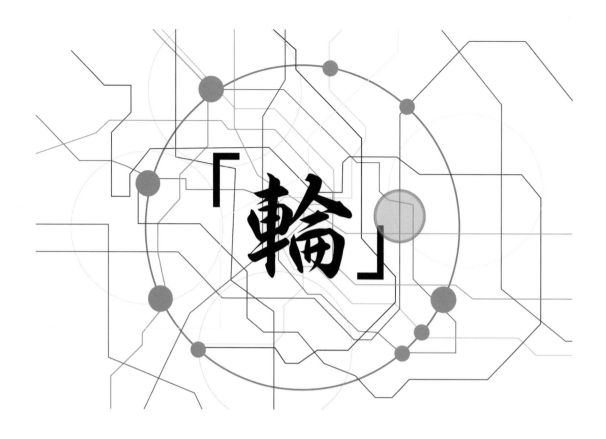

「輪」

課題：輪

　2020年オリンピック・パラリンピック東京大会を記念し、五輪の「輪」が今回の題字。訓読み「わ」、音読み「りん」。この漢字の意味としては、以下のことが挙げられます。

①曲げて円形にしたもの。また、円い輪郭。環（かん）。
②軸について回転し、車を進めるための円形の具。車輪。
③桶（おけ）などのたが。
④人のつながりを①に見立てていう語。「友情のーを広げる」。
⑤紋所の名。円形を図案化したもの。

　都市・まちづくりコンクールの課題提出にあたっては、この「輪」の字の意味する形や配置、仕組みを包含する都市デザイン、建築、ランドスケープデザインなど、幅広くとらえていただきたい。計画の範囲と規模は自由ですが、建築物および周辺の環境計画を含めた提案を原則とします。なお、市民協働のまちづくりやまちづかい活動などの人のつながりによってその公的空間の質をより向上していく、このような提案も歓迎します。

審査方式

事前審査
2020年2月22日（土）

本選への出展作品を選抜するための事前審査

エントリー
110 作品

本選
2020年3月12日（木）

［一次審査］
TV会議システムを通じて全出展者が
プレゼンテーション・質疑応答を行う
1作品につきプレゼンテーション3分＋
質疑応答5分

本選進出
53 作品

［公開討議・投票］
公開による議論・投票により、
最終審査へ進む作品10選を決定

最終審査進出
10 作品

［最終審査］
1作品につきプレゼンテーション6分・
質疑応答9分の合計15分が与えられる
公開審査

［最終審査投票・討議］
公開による投票・議論により各賞を決定

各賞
決定！

全国プレゼンテーション会場
[総合資格学院各校]

今年度の「都市まち」は、新型コロナウイルス感染拡大防止のため、全国47都道府県に教室を展開する総合資格学院の各校をTV会議システムでつなぎ、"三密"を避ける形での開催となった。出展者は最寄りの教室にてプレゼンテーションを行い、審査員は審査会場である新宿校でモニター越しに審査することで、全参加者の安全・安心を担保しながら、例年の審査会と遜色ない白熱の議論が繰り広げられた。

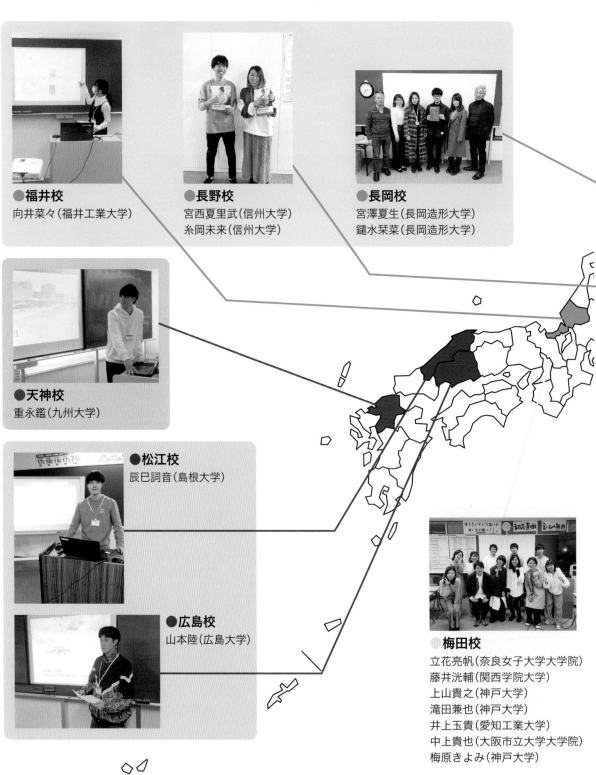

●福井校
向井菜々(福井工業大学)

●長野校
宮西夏里武(信州大学)
糸岡未来(信州大学)

●長岡校
宮澤夏生(長岡造形大学)
鑓水栞菜(長岡造形大学)

●天神校
重永鑑(九州大学)

●松江校
辰巳詞音(島根大学)

●広島校
山本陸(広島大学)

●梅田校
立花亮帆(奈良女子大学大学院)
藤井洸輔(関西学院大学)
上山貴之(神戸大学)
滝田兼也(神戸大学)
井上玉貴(愛知工業大学)
中上貴也(大阪市立大学大学院)
梅原きよみ(神戸大学)

●秋田校
根岸大祐（秋田県立大学）

●仙台校
難波亮成（東北大学）
岩田周也（東北大学大学院）

●審査会場（新宿校）
※出展者と審査員は別教室

●北千住校
冨坂有哉（東京理科大学）
高梨淳（東京理科大学大学院）
朱泳燕（東京理科大学）
渡邉大祐（千葉大学）
清水絹予（千葉大学）
岩田采子（東京理科大学）

●上野校
髙木果穂（東京大学）
若林昇（日本大学）
藤川瑞生（芝浦工業大学大学院）
井西祐樹（芝浦工業大学）
風間翔太（日本大学）
板倉健吾（芝浦工業大学）
早乙女駿（芝浦工業大学）
河崎篤史（東京大学）
平田颯彦（九州大学）
原良輔（九州大学大学院）

●新宿校
手塚俊貴（工学院大学）
鈴木菜都美（工学院大学）
勝野楓未（法政大学）
矢野有香子（早稲田大学大学院）
友光俊介（早稲田大学）
徳田華（早稲田大学）
和出好華（早稲田大学）
泉川時（早稲田大学）
棚田有登（早稲田大学）
兵頭璃季（早稲田大学）

●五反田校
伊波航（横浜国立大学）
荒川恵資（明治大学）
佐藤優希（東京工業大学大学院）
草原直樹（横浜国立大学大学院）
中田海央（東京工業大学）
内田俊太（明治大学大学院）
物井由香（横浜国立大学大学院）
山田拓矢（明治大学大学院）
上川正太郎（明治大学大学院）

※複数名での出展チームは代表者のみ記載

審査員紹介

審査員長

小林 英嗣 *Hidetsugu Kobayashi*

北海道大学 名誉教授／日本都市計画家協会 会長

1946年	北海道生まれ
1971年	北海道大学大学院修了
1995年	北海道大学教授
2005年	同済大学（中国）客員教授
2010年-	北海道大学名誉教授
2010年-	日本都市計画家協会会長
2010年-	都市・地域共創研究所代表理事
2011年-	日本建築学会東日本大震災復旧・復興支援本部部会長
2011-13年	日本都市計画学会副会長

　2019年は都市計画法ができて100周年でした。我々が住むまちはその法律の枠のなかでできてきたのですが、皆さんの世代は、これまでの都市計画法とは全く異なる視点で都市やまちを考えていかなければいけません。我々の世代は「スペース」をつくってきたのですが、今後は人口が減り、国全体にお金もないので、スペースをつくる必要性はなくなります。今後はみんなが楽しく、意味のあるアクティビティを満たせる場である「プレイス」をつくることが大切です。既存の道路や隙間といった、プレイスメイキングのシチュエーションを発見したりつくったりすることが大事になってきます。その際に必要なのは人に共感してもらう「共感力」で、今日プレゼンを見て、皆さんは共感力を強く持っているなと感じました。

　「イメージメント」という、ラグビーの日本代表監督だった平尾誠二さんの言葉があります。イメージをみんなと共有して、それを持続して大きくしていくことが大事だという意味です。今後プレイスメイキングをしていくには、イメージメントが必要です。皆さんには是非その言葉を心に入れて、日本や世界をブラッシュアップしていただきたいと思います。

実行委員長

小林 正美 *Masami Kobayashi*

明治大学 副学長／アルキメディア設計研究所 主宰

1954年	東京都生まれ
1977年	東京大学工学部建築学科卒業
1979年	東京大学大学院修士課程修了
1979年	丹下健三・都市・建築設計研究所入所
1988年	ハーバード大学大学院デザイン学部修士課程修了
1988年-	アルキメディア設計研究所設立、主宰
1989年	東京大学大学院博士課程修了
2003年-	明治大学理工学部教授
2016年-	明治大学副学長

　出展作品の多くは卒業設計、修士設計あるいは学校の課題だと思いますが、よくリサーチをしていて、それが上手く形に出ているものもあれば、出ていないものもあり、非常に密度の濃い作品が並んでいたと思いました。複数名のグループで卒業設計を行う大学からの出展もあり、かなり完成度が高い作品が多かったという印象を持っています。テーマとしては「地方都市の再生」を扱った作品が多いと感じました。最優秀賞の朱さんの提案は、私たちが30万人の留学生を受け入れていながら環境整備ができていないという非常に耳が痛いところを取り上げ、そこから自分の体験をもとにさまざまな提案がされていました。非常に質が高くて、プレゼンテーションもわかりやすく、審査員全員が票を投じたのも納得の提案でした。

　本当は「Face to Face」でお話を聞いたほうがよいとは思うのですが、今回のようにオンラインで中継することで、地方の人でも見ることができ、一つの実験としては成功したのかなと思います。

江川 直樹 *Naoki Egawa*

関西大学 教授／現代計画研究所 顧問

1951年　三重県生まれ
1974年　早稲田大学建築学科卒業
1976年　早稲田大学大学院修士課程修了
1977年　現代計画研究所入所
1982年　現代計画研究所大阪事務所開設
1997年　現代計画研究所代表取締役
　　　　（大阪事務所長）
2004年-　関西大学建築学科教授
2008年-　現代計画研究所顧問
2008年-　関西大学先端科学技術推進機構
　　　　地域再生センター長
2018年-　（関西大学名誉教授）

　皆さんは建築や都市を勉強して、その専門家になろうとしているわけですが、一番重要なことは社会に対する批評精神です。日常生活のなかで腹立たしいこととか、「なぜこうなっているのだろう」といった疑問に対して、自分で答えを提案するということが基本ではないかと思います。もちろん卒業設計のためとか、学校の課題のためといったこともあるかもしれないけれど、できれば日常のなかで自分が思っていることを素直に疑問に感じて、「もっとこうしたらいいのではないか」という提案を出してもらえれば素晴らしいと思います。我々専門家というのはそういう職種の人間ではないでしょうか。そういう意味でも、最優秀賞に選ばれた朱さんの提案は高い評価を得るものだったと思います。

　今回の審査会の実施方法は悪くない感じがしました。ある種の可能性を感じたので、今後平時に戻っても、どういうやり方でコンクールを行うのがよいのか、我々も議論していきたいと思います。

角野 幸博 *Yukihiro Kadono*

関西学院大学 教授

1955年　京都府生まれ
1978年　京都大学工学部建築学科卒業
1980年　京都大学大学院修士課程修了
1984年　大阪大学大学院博士後期課程修了
1984年　福井工業大学非常勤講師
1987年　電通入社
1992年　武庫川女子大学助教授
2006年-　関西学院大学総合政策学部教授

　「都市・まちづくりコンクール」という場でいつも私が思っているのは、この提案は誰に向けての提案なのか、誰のための提案なのかということです。単体の建築だとクライアントがいたりしますが、都市やまちづくりといったときには、相手先が見えないこともあります。だから「この提案はこのまちのこの人」、あるいは「この人たちに向けての提案なんだ」ということを意識してもらいたいし、その人たちがその提案のなかで、どのような役割を担ってくれることになるのかということも考えてほしいと思います。そして、その提案はどうやってつくられて、誰がどのように維持していくのか、まちとして、都市としてどう持続するのだろうかというところまで考えた提案を今後も続けていただきたいです。そのような作品が増えてくれば、本コンクールの主旨・目的、特徴といったものがより一層際立ってくるのではないかと思います。

1974年　　愛知県生まれ
1996年　　名古屋工業大学工学部卒業
1999年　　ライザー＋ウメモト事務所入所
2001年　　名古屋工業大学大学院工学研究科博士後
　　　　　期課程修了
2001-03年　名古屋工業大学大学院工学研究科助手
2003-05年　名古屋工業大学大学院工学研究科講師
2005-07年　名古屋工業大学大学院工学研究科助教授
2007-18年　名古屋工業大学大学院工学研究科准教授
2017-18年　プリンストン大学客員研究員
2018年-　　名古屋工業大学大学院工学研究科教授
2019年-　　日本建築学会理事
2019年-　　LIFULL ArchiTech 代表取締役社長

北川 啓介 *Keisuke Kitagawa*

名古屋工業大学 教授

　今回初めて参加させていただいたのですが、どの作品も密度がとても高く、皆さんが自分の提案をよく考えてここまで仕上げてきたということを目の当たりにして、こちらも真剣に一つひとつの作品を見させていただき、本当にクタクタになりながら審査していました。できるだけいいところを探そうと思ってプレゼンを見ていたのですが、最終審査での朱さんの提案は素晴らしかったです。プレゼンシートもとても綺麗にできているし、わかりやすい。大学の4年間でどう勉強してきたのかが知りたいくらいでした。

　都市やまちについて改めて考えると、「人がいる」ということはすごいことだと思います。地域の人や、それに関わっている行政の人、投資する人など、とても多くのさまざまな人がいます。そして建築のプロダクトを世の中に出すだけではなくて、そこにいる人のこともしっかり考え、マーケットにインする側の方のこともよく考えて、皆さんが作品をつくっていたことは素晴らしかったです。そこに人がいるということはすごいことだと改めて感じました。

1970年　　福岡県生まれ
2001年　　東京工業大学大学院博士課程修了
2001年　　筑波大学大学院講師
2005-14年　福岡大学工学部社会デザイン工学科
　　　　　准教授
2009-10年　カリフォルニア大学バークレー校
　　　　　客員研究員
2013年-　　九州大学芸術工学府非常勤講師
2014年-　　福岡大学工学部社会デザイン工学科教授

柴田 久 *Hisashi Shibata*

福岡大学 教授

　今回はいつもと違う方法でのプレゼン・審査となりましたが、歴史に残る審査会となったのではないでしょうか。

　今回は、審査員の目の前で模型を使いながらプレゼンすることができなかったために、いかにして提案内容のよさや迫力を伝えるかが評価のポイントになった気がします。大まかには「自分の足で稼いだ調査」から説得力のある提案とともに、そうした調査からではなく、さまざまなアイデアや形の要素を組み合わせて創造性で勝負したものに分かれ、またその差が色濃く出た印象もあります。毎年思うことですが、本コンクールでは事前に課題を「輪」と明確に提示していますので、その課題に対して自分がどう考えて、どのように提案しているのかを最低限説明できる必要があります。そうした課題に対する姿勢は、審査員の基本的な評価軸にもなりますし、プレゼンテーションを行ううえでの戦略としても重要なポイントとなる可能性を、学生の皆さんは覚えておいていただきたいと思います。

鳥山 亜紀 *Aki Toriyama*

清水建設 設計本部 プリンシパル・プランナー

1963年	大阪府生まれ
1987年	千葉大学大学院工学研究科 修士課程修了
1987年	清水建設入社
2008年	千葉大学大学院博士課程修了
2011年-	千葉大学工学研究科非常勤講師
2017年-	設計本部プリンシパル・プランナー

　私たち審査員も今日まる一日審査に集中し本当に疲れましたけれども、参加された方々は作品をつくるところからやっているわけですから、まずは、お疲れ様でしたと申し上げたいです。

　どの作品も、とても短い時間でのプレゼンのなかに凝縮された「想い」を感じました。皆さんの提案はそれぞれ個性的で、素晴らしかったと思います。今日、実際にプレゼンテーションを行い、各提案に対する審査員の先生方の質問に答え、またご意見を聴くことにより、皆さんの作品に対する考えがさらに深まってくるのを感じました。皆さんの成長を促すような、また、作品のよさをさらに引き出すような審査となり、よい審査ができ、その結果として選ばれた作品に賞が与えられたと感じています。従って、受賞された方々は誇りに思っていただいてよいと思います。皆さんはこれから大学院でますます研究を深めたり、また設計など実務の世界に出ていくと思いますが、作品にかけた頑張りと先生方の意見を胸に刻んで、将来に向けてさらに努力を続けていただければと思います。

中島 直人 *Naoto Nakajima*

東京大学 准教授

1976年	東京都生まれ
1999年	東京大学工学部都市工学科卒業
2001年	東京大学大学院工学系研究科 修士修了
2007-10年	東京大学大学院工学系研究科助教
2009-10年	イェール大学マクミランセンター 客員研究員
2013-15年	慶應義塾大学環境情報学部准教授
2015年-	東京大学大学院工学系研究科准教授

　多くの作品が地域のことをよく調べて、課題を見つけて解決するという提案をしてくれたのはよかったのですが、「これは誰が実現するのですか」と質問すると、実現性の話については不明瞭な提案がいくつかあったのが気になりました。学生のコンペでは実現性だけで評価するわけではないのですが、クラウドファンディングや行政がやるなどいろいろな方法があるなかで、地域のなかにある「まちを再生する力」をどう引き出すかという視点が大事です。そして、そういう人をどう育てるかということも大切です。つまり、外からの力でまちがよくなるというだけではなくて、その地域には地域の持つある種の力があるはずなので、そういうものを引き出すようなものも含めた提案であるべきです。これから我々がやっていくことはそういうことなのではないかと思っています。皆さんはおそらく、いずれ我々の仲間になって一緒に仕事をしていくような人たちだと思いますが、そういう視点を忘れずに取り組んでほしいと思いました。是非そういう考え方で、今後も頑張ってください。

中野 恒明 *Tsuneaki Nakano*

芝浦工業大学 名誉教授／アプル総合計画事務所 代表取締役

1951年	山口県生まれ
1974年	東京大学工学部都市工学科卒業
1974年	槇総合計画事務所入所
1984年-	アプル総合計画事務所設立、代表取締役
2005-17年	芝浦工業大学システム理工学部環境システム学科教授
2008-19年	東京藝術大学美術学部非常勤講師
2017年-	芝浦工業大学名誉教授

　私たちも一日、大変な思いで審査をしてきましたが、実は、開催が危ぶまれるなかで、オンラインで審査会をやろうと提案したのは私でした。一抹の不安もあったのですが、終わってみれば、実に上手くいったのではないかと思います。出展された皆さんも最寄りの総合資格学院各校で参加でき、負担もかなり軽減したと思いますし、新型コロナウイルスの感染リスクも最小限に抑えることができたのではないでしょうか。

　本コンクールは今回で7回目を迎えましたが、最優秀賞に選ばれた朱さんの作品は大変レベルが高く、過去最高の得票数だったのではないかと思います。また、他の皆さんも全員のレベルがますます高くなってきていると感じました。引き続き後輩の方々に、「都市・まちづくりコンクール」は楽しいよ、賞金額も大きいよと伝えてください。本コンクールをさらに発展させていくためにも、協力していただければと思います。

1

URBAN DESIGN & TOWN PLANNING COMPETITION 2020

受賞・10 選　作品紹介

百人町のうらみち・まなびみち
－留学生の生活から揺るがす住まいと都市－

東京理科大学
理工学部
建築学科
垣野研究室

朱 泳燕 Yongyan Zhu ［学部4年］

0 年々増える留学生と追いつかない受け入れ環境

「留学生30万人計画」により日本は年々留学生の受け入れを増やしているが、本質的な受け入れは整っていない。とりわけ、住まい、就職、教育の問題があるが、いろんな事業者がそれぞれ関係性を持たず、さらに、日本語学校において学びが限定されているからだと考える。

1 都市に介入する小さな建築操作から新たな学びの場

日本語学校での学びに止まらず、街や地域に住む人々、あるいはそこで働く人々と接する体験をも含めた新たな「学び」の場を考えたい。

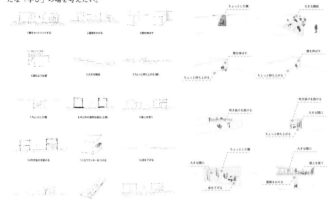

2 留学生の生態系＝百人町における留学生の生活の流れとたまり

百人町は、歴史的に外国人の多い地区であり、各国の文化が入り混じる。そういった背景から日本語学校が集中しており、留学生が多くの時間を過ごす場所。

3 提案　留学生の学びの場から再編する都市

各国の飲食店が立ち並ぶ商店街や様々な国の文化などいろんな活動がある一方で、それらはお互いに無関係に存在する。そこで百人町の地域の問題と留学生の学びから派生する無数の小さな行為を掛け合わせ、都市における人の流れに新たな関係性を持たせることを考えたい。つまり、高齢者や外国人、留学生など多様な人々を都市がどう受け入れるのか、ということを身体スケールにまで立ち上って考える。

① 使用者同士のつながり
個室は寝ることと身支度ができる最低限の面積を与え、その他の機能をみんなで共有できるようにする。また、縁側や窪みという断面的なずれによって、内外を仕切ったり、人のたまりや流れを作る。

② 周囲の活動のつながり
建物同士の隙間を生かしながら、新築、改築、減築を一体的に行っていくことでお互い無関係に存在していた活動を繋げて、一体的に利用できるようにする。

③ 都市的なつながり
建物や線路・道路などのインフラによって分断されていた百人町において、建物を間引いたりしながら要所要所に「導線としての建築」を新たに設けることで、百人町全体に新たな人の流れを生み出す。

site1　　site2　　site3

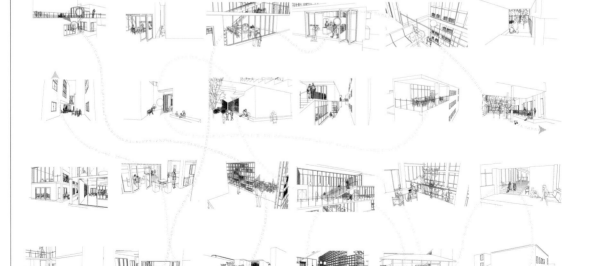

Aさん（在住学生）
18歳/中国人/女子
日本語学校1年生
SITE 1 在住

Bさん（在住学生）
22歳/ベトナム人/男子
日本語学校2年生
SITE 3 在住

Cさん（卒業生）
22歳/アメリカ人/女子
大学3年生
SITE 2 講師

Dさん（卒業生）
25歳/韓国人/男子
建築関係会社在職
SITE 2 講師

私は輪というものを、これまで無関係であったモノ、コト、ヒトのつながり、そして、そのつながりが広がっていくようなことと捉えた。「留学生30万人計画」により、日本は年々留学生の受け入れを急激に増やしているが、本質的な受け入れ環境が整っていない。住まい、就職、教育の問題があるが、いずれも、いろいろな事業者がそれぞれ関係性を持たず、さらに、日本語学校において学びというものが限定されているからだと考える。都市に介入する小さな建築操作と人の振る舞いの関係性から、街や地域に住む人々と接する体験をも含めた新たな「学び」を考えたい。新宿区百人町の地域の問題と留学生の学びから派生する無数の小さな行為を掛け合わせ、学びを広げながら人の流れに新たな関係性を持たせる「導線としての建築」を提案する。

選定エリア：東京都新宿区百人町

4　3つの敷地＝学びを広げるための「導線としての建築」

Site1 モノの売り買いのみの商店街から、暮らしや文化を共有する SHOW TENGAI へ

街から学ぶための持続的な仕組み

都市の新たな導線にまとわりつく学びの場

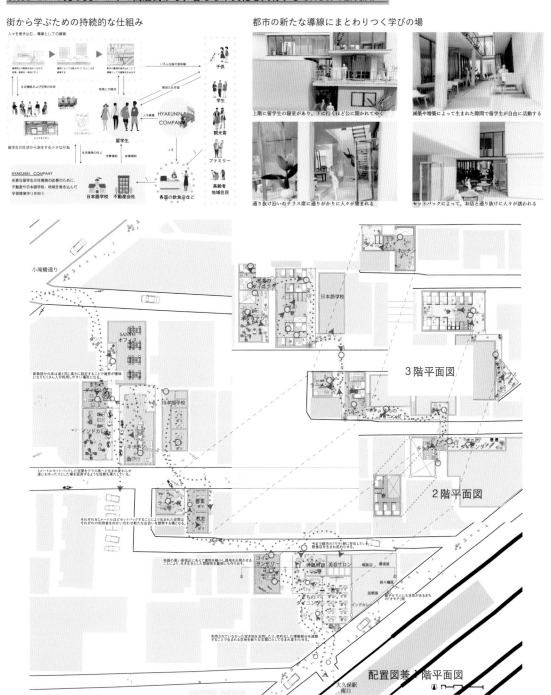

配置図兼1階平面図

Site2 中国人専門の塾から、地域に開かれた全ての国籍の人のための JYUKU へ

街から学ぶための持続的な仕組み

人々を巻き込む、導線としての建築

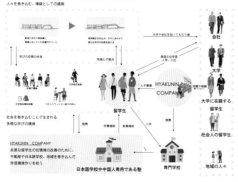

都市の新たな動線にまとわりつく学びの場

本棚や段差、緑側、吹き抜けによって、大人数での集まりから一人での学習の場が共存

吹き抜けから様々な活動が見えることによって、自然と興味が広がる

ゆるく分けられた無数の学びの場に歩みを進めるごとに次々と出会え、様々な選択を与えられる

様々な断面を持った小さな学びの場の挿入

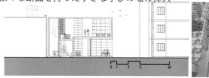

隣の専門学校とつないで一体的に利用

専門学校

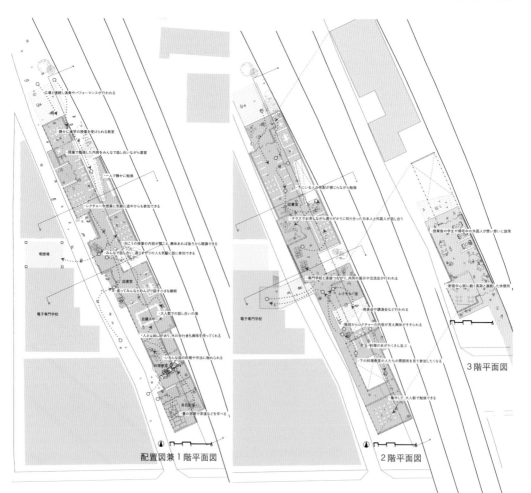

配置図兼1階平面図

2階平面図

3階平面図

Site3 銭湯から、文化や知識を分かち合う SENT TO YOU へ

街から学ぶための持続的な仕組み

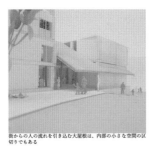

街からの人の流れを引き込む大屋根は、内部の小さな空間の区切りでもある

地域に開かれた銭湯でありながらも、憩いの場であるテラスなどによって留学生の生活を両立させる

屋根を加え街から銭湯までひと繋がり

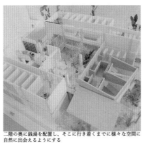

二階の奥に銭湯を配置し、そこに行き着くまでに様々な空間に自然に出会えるようにする

普段よりも開放的になれる銭湯において、普段話しかけられなかった地域の高齢者と会話する

2階平面図　　　3階平面図

配置図兼1階平面図

開かれた地平と生きる
－堤防の狭間から－

早稲田大学	有賀研究室	友光 俊介 Shunsuke Tomomitsu ［学部4年］
創造理工学部	小岩研究室	山下 耕生 Kosei Yamashita ［学部4年］
建築学科	早部研究室	松本 隼 Hayato Matsumoto ［学部4年］

対象敷地
宮城県石巻市－十三浜地域

旧北上川流域

北上川流域 (1911-)

大川小学校
Ookawa-School

石巻市街
Ishinomaki city

女川駅
Onagawa-eki

牡鹿半島
Oshika Island

南三陸町
Minamisanriku

北上町
Kitakami city

3.11東北地方太平洋沖地震被災状況
The state of Kitakami city

- 行方不明者数　　　　296人
- 被災家屋　全壊　　　535棟
- 　　大規模半壊　　　 91棟
- 　　半壊／一部損壊　383棟
- 避難所　　最大時　15ヵ所
- 仮設団地　　　　　　8ヵ所
- 防災集団移転　　　計232戸
- 　自立再建宅地　　　164戸

「津波文化圏」である十三浜

■ 3.11 津波浸水地域

十三浜は長い歴史の中で幾度となく津波に襲われながら、自然災害と共に歩み、文化や生業を継承してきた。

当敷地は震災後、**防波堤を造成しない選択を取った**。漁を生業とする人々は低地への居住が禁止され、高台の住宅移転を余儀なくされた。

本計画では、「定住することができない」「津波常襲地帯」である 3.11 の浸水区域内を自然の変域＝ウミとして見立てを行い計画を地域に潜航させる。

十三浜地域
Jusanhama Area

北上町沿岸部のリアス式海岸を総称して「十三浜」と呼ぶ

3.11直後写真　　　漁港の様子 (対象敷地)
十三浜地域　　　　小室・大室漁港

北上町の人口推移
Population transition of Kitakami city

震災前　　3,896人/1,151世帯 (2011年)

震災後　　2,951人/1,002世帯 (2016年)

現在　　　2,482人/969世帯 (2018年)

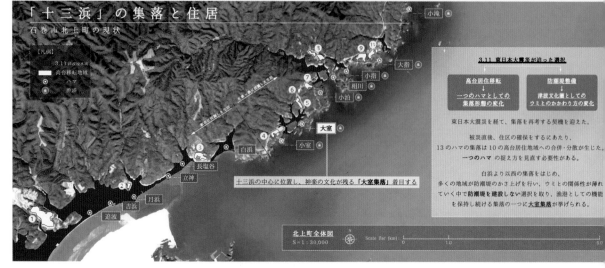

「十三浜」の集落と住居
石巻市北上町の現状

【凡例】
- 3.11 津波浸水域
- 高台移転地域
- ハマ
- 漁港

小滝

大指

小指

相川

小泊

大室

小室

白浜

長塩谷

立神

月浜

吉浜

追波

十三浜の中心に位置し、神楽の文化が残る「大室集落」着目する

3.11 東日本大震災が迫った選択

高台居住移転	防潮堤整備
↓	↓
一つのハマとしての集落形態の変化	津波文化圏としてのウミとのかかわり方の変化

東日本大震災を経て、集落を再考する契機を迎えた。

被災直後、住区の確保をするにあたり、13のハマの集落は10の高台居住地域への合併・分散が生じた。**一つのハマ**の捉え方を見直す必要性がある。

白浜より以西の集落をはじめ、多くの中で防潮堤のかさ上げを行い、ウミとの関係性が薄れていく中で**防潮堤を建設しない**選択を取り、漁港としての機能を保持し続ける集落の一つに**大室集落**が挙げられる。

北上町全体図
S=1:30,000

Scale Bar (km)　0　10　60

石巻市北上町十三浜の中心に位置する大室は、津波も「潮の満ち引き」と同じ自然の変域であると捉えて、堤防を建てず「海と共に生きる」選択をした数少ない地域である。しかし、最大の財産である海辺は、3.11以降に居住が許されなくなったことで空地化し、大室を含む13の集落は合併・解散を経て10の限られた高台区域に再編された。

本計画では、この空地を「陸のウミ」とみなす。この浸水域沿岸に、かつて住宅に備わっていた「冠婚葬祭・漁業作業場」、震災を機に途絶えてしまった土着舞踊である神楽・獅子舞を、再興し繋ぐ「山手の斎場」

と「浜床の舞台」の2つの建築と、集落と建築を結ぶ「水際の畦道」を計画する。

生活を補う"機能"と、各建築・周辺漁村を繋ぐ"舞踊"とを共存させることで、年月の営みの中で3.11以前からの震災の記憶を後世に継いでいく。十三浜の中でも、東北地方独自の南部神楽が残り続ける大室を拠点として、本来あるべき海との関係を問い、物理的復興だけでは縮退していく村が、新しく息吹くマイルストーンとして、ランドスケープを含む一連の計画を提案する。

選定エリア：宮城県石巻市北上町十三浜大室

1.「13」の集落に造られた「10」の高台団地 → 1-コミュニティの在り方を再考する（地域レベル）

10の高台団地に集約された事で、「13の集落性」が解体された。

2. 住居の変容と、消失した空間 → 2-消失した二種の空間性を補填する（生活レベル）

3.11以降、住居や集会所を中心とした空間で行われた諸活動が、移転により衰退の一途を辿っている。

高台住宅への移転により、住宅が寝食だけの空間へと変容。
（100坪の住宅制限によって）

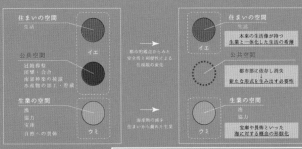

震災以前の住居形態

A：コンゴミロ
B：オカロ
C：カマガミ

①ヨコザ
②キタザ
③キャクザ
④キジリ

I：イリザシキ
II：コザシキ
III：デドザシキ
IV：オカミ

高台住宅への移転により、住宅が寝食だけの空間へと変容。
（100坪の住宅制限によって）

震災以降の住居形態

3. 震災を機に消滅しつつある土着舞踊 → 3-土着舞踊による地域再編（文化レベル）

北上町には南部神楽が未だに継承されている集落が**大室・相川・長塩谷**の3つの集落が存在する。3.11震災以降、神楽の継承行事が行われているものの、年一度行われていた舞台も、2年に一度となり、地域行事が薄れている現状がある。

大室では、かつて神社で保管されていた神楽道具は、現状では浜辺の倉庫に保管する他なく、再び津波の被害を受けることは神楽の継承が途絶えることに繋がる。

本計画では、**神楽道具の倉庫**と、**東北の踊り合い**の文化を基に、年に一度十三浜の人々が集まることを目的とした**神楽舞台**を浸水ライン上に計画する。
（浜床の舞台にて実現）

昭和57年8月1日
石巻市指定
無形民俗文化財

大室南部神楽
相川南部神楽
長塩谷南部神楽

重要指定文化財として継承される神楽

大室南部神楽 継承行事

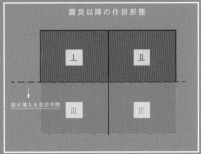

神楽道具

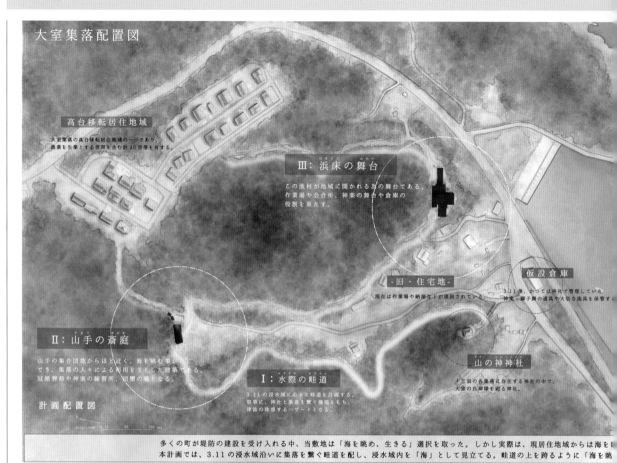

大室集落配置図

高台移転居住地域
大室集落の高台移転居住地域の一つであり、
漁業を生業とする世帯を含む計30世帯を有する。

Ⅲ：浜床の舞台
この漁村が地域に開かれる為の舞台である。
作業場や会合所、神楽の舞台や倉庫の
役割を果たす。

仮設倉庫
3.11後、かつては神社で管理していた
神楽・獅子舞の道具や大切な漁具を保管す

旧・住宅地
現在は作業場や納屋などが建設されている。

Ⅱ：山手の斎庭
山手の集合団地からほど近く、海を眺む事が
でき、集落の人々による利用を主とした建築である。
冠婚葬祭や神楽の練習所、団欒の場となる。

山の神神社
十三浜の各集落に存在する神社の中で、
大室の氏神様を祀る神社。

Ⅰ：水際の畦道
3.11の浸水域に沿った畦道を計画する。
祭事に、神社と集落を繋ぐ機能をもち、
津波の体感するハザードとなる。

計画配置図

多くの町が堤防の建設を受け入れる中、当敷地は「海を眺め、生きる」選択を取った。しかし実際は、現居住地域からは海を
本計画では、3.11の浸水域沿いに集落を繋ぐ畦道を配し、浸水域内を「海」として見立てる。畦道の上を跨るように「海を眺

Ⅱ 山手の斎庭

ウミと高台住宅地を繋ぎ、冠婚葬祭や日常の団欒の場として機能する。

海の見所：海を眺めることから一日が始まる。

山手の広間：団欒・神楽の練習風景

「山手の斎庭」：3.11の浸水域を通る畦道を大室の人々に見届けられながら、練り歩きが行われる。

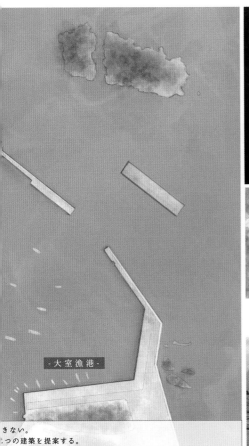

-大室漁港-

きない。
二つの建築を提案する。

I　水際の畦道

集落を繋ぎ　再び「海と共にある生活」が送られる

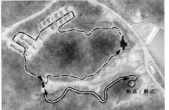

始点／終点

-山の神神社- ← 山手の斎庭 ← 浜床の舞台 -山手の集合住宅-
水際の畦道

この畦道によって津波を体験することが可能になる。口伝がなされずとも、日常で利用する「畦道」が**ハザードとして体感する役割**を担う。

「春・秋の祈祷」は神社から獅子舞が降り、集落を練り歩くことで「災厄消除、悪霊退散」を祈願する祭りである。現在生じている神社と高台住宅地との距離を、畦道と二つの建築によって紡ぐ。

大室集落には、**集会所をはじめとして、南部神楽の練習の場や正式な舞台がない**という課題がある。海を背景に神を憑依させながら舞う「南部神楽」も現在では、公民館、室内で踊られることが殆どである。

本計画では、「山手の斎庭」に神楽の練習場、「浜床の舞台」に海を背景にした舞台を設計する。

II　浜床の舞台

協働の作業場うや会合所、神楽の舞台・大切な漁具祭事の道具庫の役割を果たす。

平面図（浜床の舞台）
Scale 1/150

の広間：ウミを背景に食事を晴む

内作業場：フノリ・ワカメの加工風景

「浜床の舞台」：十三浜の踊り手が南部神楽の舞台を求め、境界・地域の垣根を超えた「文化の共時体験」を生み出す。

バス亭のある家
－市民が彩る地域の輪－

● 横浜国立大学
理工学部
建築EP
藤原徹平ゼミ

● 伊波 航 Koh Inami ［学部4年］

たとえば,
ミニシアターのバス亭

接道内に駐車場があったこの家は、二階吊り場つきのバス亭となり、映画好きの主人のために、大きなプロジェクターを設置した。普段は、何かしらの映画やドラマが流されているが、今年の夏はオリンピック観覧会を開くことになっている。

たとえば,
空き部屋貸し出しのバス亭

子どもが自立し、開いた部屋を貸し出すことにした。借りてもらいやすいように、家をバス亭にし、2階の空き部屋を屋外から入れるようにした。美術大学の大学生が、部屋を借り、自分の作品をバス亭に展示するようになった。

たとえば,
スイカのバス亭

大きな段のあった住宅。高齢になり、この庭の手入れはできなくなってしまった。なので、ここをバス亭として貸し出し、地域の人に解放する。できた野菜はバス亭に並べられ、近所のおばあちゃんが、よくその野菜を買っている。夏になると、家主のおばあちゃんがシェアばたけでできたスイカを切って置いておいてくれるため、夏は子どもが多いバス亭となる。

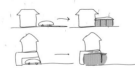

住宅が持つ駐車場を
バスを待つ場所＝バス亭へ

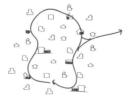

これらを結ぶような路線を計画

バス亭は「街の住民」が「他の街の住民」を
招く空間となり、一様だったバス停が色付く

バス路線そのものが地域のための空間となり
住人が作り出す郊外住宅地の新たな居場所となる

効率主義、全体主義は、多様性を許容できない。街の平均に合わせた住民像を描き、それらに合わせて計画された制度は、その平均から離れた人々を孤立させている。

本提案は、その最たる場所、郊外住宅地で、バスという街のモビリティを足がかりに、計画されたこの街を上書きするような、住民自身が「勝手に作り上げていく街」を描こうと試みた。この街では、バス停という公共空間を「他人を招くための空間」として街の住民自身が所有し、バス路線という公共物は住民によって侵食されていく。住民は、小さな公

共性をめぐる様々な思惑のもとに街を構成する「担い手」となり、ついに、この郊外住宅地は本当の意味で、「私たちの街」になるであろう。計画の失敗例のような扱いをされ、見捨てられ、諦められている郊外住宅地だが、京都の町家と同じように同じ速度で歴史を積み重ねているし、「味けない味けない」と唱えるものはいるけれど、街には家の数だけ多様性があって、街はいつでも生きられようとしている。ただ少し勇気がでないだけなのである。

選定エリア：神奈川県横浜市青葉区美しが丘

たとえば，
本棚のバス亭
小説が大好きな家主。今まで読んできた様々な本をバス亭に出し、人々に貸し出している。4つ隣のバス停にも本屋があり、街のいらなくなった本を集める路線になってきた。

たとえば，
塔のバス亭
この街で一番高いところにあるバス亭。群生した住宅群から、空へ抜け出る場所となる。

たとえば，
おばあちゃんちのバス亭
一人暮らしのおばあちゃん。体が悪く、他のバス停のように特別なことができるわけではない。でも、あるきの冬の日、毎日6:30に待っているいつもの中学生に、あったかいお茶を出してあげた。次の日、電球が切れて困っていたおばあちゃん人のために、その学生が切れた電気を交換してくれた。

たとえば，
プロレス大好きのバス亭
プロレスが大好きなご主人。バス停を大量のプロレスの写真で埋め尽くしプロレス大会の次の日になると、プロレス好きが集まって来る。

たとえば，
桜のバス亭
桜の木を持つ家。桜が咲くころになるとバス亭から、この庭に入れるようにしてくれるため、春になるとバスを持つ人で賑わうバス亭。

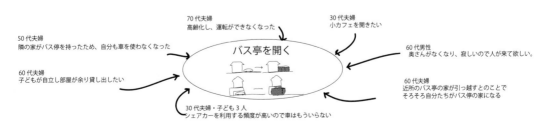

50代夫婦
隣の家がバス停を持ったため、自分も車を使わなくなった

60代夫婦
子どもが自立し部屋が余り貸し出したい

70代夫婦
高齢化し、運転ができなくなった

30代夫婦
小カフェを開きたい

バス亭を開く

60代男性
奥さんがなくなり、寂しいので人が来て欲しい。

60代夫婦
近所のバス亭の家が引っ越すとのことでそろそろ自分たちがバス停の家になる

30代夫婦・子ども3人
シェアカーを利用する頻度が高いので車はもういらない

敷地

敷地は、横浜市にある郊外住宅地。時代の変化とともに、高齢化が進み、多くの人々が住宅街の中で孤立している。

■『美しが丘』郊外住宅地

敷地は、横浜市にある東急田園都市線たまプラーザ駅を最寄り駅とする、郊外住宅地である。都心に働きに出るサラリーマン家族のベッドタウンとして計画されたこの街は、結婚世帯がほとんどを占め、生涯住まう街として存在する。

現在のバス路線

■ 郊外住宅地のバス停

郊外住宅地のバス停は、ディズニーランドのバス停と違う、以下のような特異性を持つ。そのためバス停は、郊外においての特異点となっている。

1. バス路線という街の動脈

郊外住宅地の内側に何もないため、食材を買うのにも日用品を買うのにもバスで住宅街の外に出る。駅なしでは存続し得ないし、バス路線なくても存続し得ない街である。バス路線が住宅街を生かしている。

2. バス停の大きすぎない公共性

住宅街のバス停は、利用者のほとんどを住民としたバス停。そのため、外部から人が訪れるディズニーランドのようなバス停とは、大きく異なる。

3. 日常が重なる場所

バス停は、誰もが日々の生活の中で通過する場所として住宅街の特異点になっている。

4. 住宅街の玄関

家の中の生活と、社会の中の生活は分断されている。バス停はその一つの境となっており、2つの生活が延長される可能性を持つ。

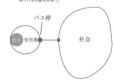

計画1 人のためのバス「亭」

バスの停まるバス「停」ではなく、人の過ごすバス「亭」である

■「道の凹み＝駐車場」のバス亭化

塀や擁壁によって道と距離が取られ、道には過ごす場所がない。しかし、道と必ず接続し、道から凹んだような場所として駐車場がある。バス亭を持つ家は、車を手放し、今まで車のいた場所を人のための空間、バス亭としていく。

駐車場という街の凹み

駐車場の解放

凹みの奥の Private へ接続

■ 持ち主の個性によって色づくバス亭

バス亭の住人によって private と public が変動することで、訪れた人にバス亭の個性が介入し、趣味、体験を共有する新たな刺激がもたらされる。バス亭は、街の新たなテーマとなっていく。

Public **Private**

Public Private

バスが来るまでの2、3分の間おばあちゃんが、温かいお茶を出してくれた。

プロレス好きの家。好きすぎてバス停がプロレスの写真だらけにな

桜のある家は、春になると人がたくさん集まる

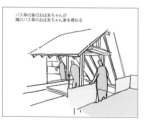

バス亭の家のおばあちゃんが隣のバス亭のおばあちゃん家を尋ねる

買い物のために町を出ようと「町の玄関」にいったら、おばあちゃんに夕食の買い物を頼まれた。

週末になると、あのおばさんちにはたくさんの人が集まる。

ちょっと買い物に出る間だけおばあちゃんに1才の子供を預かってもらった。

計画2 毛細血管路線

大きな一本に人が集まるのではなく、バスに来て欲しい人のもとをバスが訪れる。PROJECT

新しいバス路線

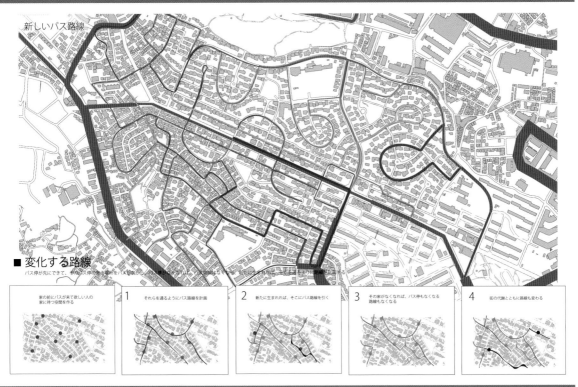

■ 変化する路線

バス停が先にできて、それらバス停の多く...

1 それらを通るようにバス路線を計画
2 新に生まれば、そこにバス路線を引く
3 その家がなくなれば、バス停もなくなる路線もなくなる
4 住の代謝とともに路線も変わる

PROJECT

道に開かれた妻入り
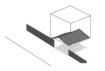

住宅にもたれる構造

■ バス停と繋がったバス

美しが丘のバスはバス停での過ごしと繋がったバスになる。

2階から乗れる

両側から乗れる

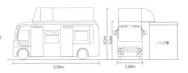

階段を上がるおばあちゃんをバスを待つ高校生が助ける

家の電気が切れてしまったので学校から帰ってきた学生に取り替えてもらった

仕事から帰って来ると、おばあちゃんたちが町で育てていたスイカを切って振舞ってくれた

帰って来て、近所の奥さんとバス停で食材を調理する

空き部屋の2階に住む美術系大学生の作品がバス停に展示される

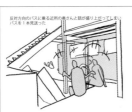
反対方向のバスに乗る近所の奥さんと話が盛り上がってしまいバスを1本見送った

絵画教室を開いている奥さんバス停に生徒の作品を展示している。

「あーバス行っちゃったよーーー」でゴロゴロする。

汎神論的設計態度でつくる暮らしの風景
地形に沿う集落、高台移転のオルタナティブとして

横浜国立大学大学院
都市イノベーション学府
Y-GSA

草原 直樹　Naoki Kusahara [修士1年]

雄勝湾より集落と葉山神社を望む。

高台移転のカウンタープロポーザル

敷地は東日本大震災の被災地、宮城県雄勝町。山の神に海での豊漁を祈り、神楽を舞う。生業と文化が自然に直結したこの町では、みなが家族のように生活し、共に働き、死を悼む。

それなのにかつてとは違う場所に再建された高台集落はアクセスのためだけに道が敷かれ、生活と生業の連続性は失われてしまいました。そんな現状の高台移転のオルタナティブを提案します。

東日本大震災の被災地である宮城県の雄勝町は、海から山までの距離が近いリアス地形が災いし、居住エリアの大半が浸水した。地形へのメスの入れやすさと住宅供給の緊急性から、かつてとは違う場所に再建された高台集落は、アクセスのためだけに道が敷かれ、生活と生業の連続性は失われてしまった。家族のように生き、共に働き、死を悼む共同体。その繊細さとは裏腹に、暴力的な復興が瞬く間に施行されてゆく。「美しい自然とその風景こそがこの町の宝だ。」そう言う住民たちだからこそあり得たかもしれない、風景をアイデンティティとする集落を『汎神論的な態度』で丁寧に設計していく。かつて集落があった場所に最も近い、山の急斜面に住むことを考える。住むことが一見困難そうな厳しい環境下では、年寄と若者も、人とニワトリも、みんな同じような暮らしの形になっていく。限られた環境だからこそ、地形は緻密に読み解かれ、みんなのための場所へと開かれる共有の形が生まれる。普通は考慮されない、磐座の向き、平等な海への眺望。地形がそのまま竈になるキッチン。そんな建築の作り方が新たな集落の風景として、全てを流された場所に根付いていく。

選定エリア：宮城県雄勝町大浜

汎神論的設計態度でつくる

恩恵と畏怖。この切り離せない両者をどう受け止めるべきでしょうか。津波という圧倒的恐怖の体験を踏まえ、「防潮堤という巨大な壁を建てて、集落から離れた場所に高台を削って住む」のではなく、恐れを含めて自然と向き合うために急斜面という厳しい環境にあえて集落を描きました。この自然と人を並列に捉える、建築と大地が一体となるアプローチは、「美しい自然と、風景こそがこの町の宝だ」と答える雄勝の人々にふさわしいと考えます。

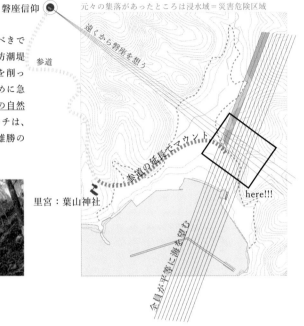

磐座信仰

元々の集落があったところは浸水域＝災害危険区域

遠くから磐座を想う

参道

参道の延長でマウント

here!!!

里宮：葉山神社

全員が平等に海を望む

斜面地に漁師住宅を建てる

従来の平地に建つ漁師住宅の機能を調べ、それが担保されるよう、斜面に適応させていきました。表玄関から居間、寝室を通っておかみへと繋がるシークエンス。おかみとは、文字通り他の部屋より一段高くなった神棚の飾られる神聖な部屋です。漁師住宅ならではの土間を通じた裏動線はコミュニティ玄関であり、作業場でもあります。

お風呂　納戸（裏）　蔵　　寝室　おかみ

台所　居間

土間

縁側　茶の間（前室）

車

裏玄関　表玄関

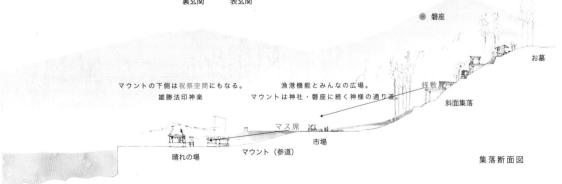

磐座

マウントの下側は祝祭空間にもなる。
雄勝法印神楽

漁港機能とみんなの広場。
マウントは神社・磐座に続く神様の通り道

お墓

桟敷席

斜面集落

マス席

晴れの場　　マウント（参道）　　市場

集落断面図

29

おかみから、遠くの磐座を想う

迫る地形を感じる

イエをつなぐうち

おもてのみち

深い軒下から集落を眺める

集落以上の大きな風景を取り込む

ひと繋がりの土間は大きな家の廊下のように建物
同士をつなぎます。

地形がそのままの勢いでかまどになったり、石垣
が盛り上がってキッチンの作業台になったりと、
建築と地形の境が消えていきます。

居間は海の方を向くように軸がずれ、寝室は軒が
深く出てプライバシーを保ちつつ、集落の日常風
景を取り込みます。

寝室の裏には実のなる木がなっていて、迫りくる
斜面の勢いを感じます。

おかみには磐座のある方角に小さな窓が開き、実
際に遠くて見えはしませんが、そこから限られた
光が差し込み、磐座を想います。

集落以上の風景が日常の場である部屋の中にス
ケールを超えて取り込まれていきます。

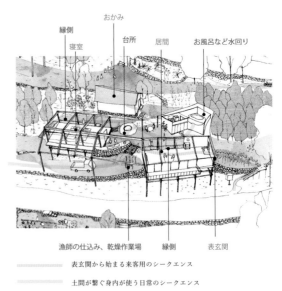

おかみ

縁側
寝室　　　台所　　居間　　　お風呂など水回り

漁師の仕込み、乾燥作業場　　縁側　　　表玄関

表玄関から始まる来客用のシークエンス

土間が繋ぐ身内が使う日常のシークエンス

ふたつのみち

おもてのみちは、麓の漁港から山頂のお墓まで続いていく、男達の仕事の道。軽トラが登れる勾配で各住戸の作業土間に接続します。

うらのみちは、各住戸の土間が繋がるコミュニティの道です。大家族の廊下のような空間で、道中に鶏小屋があったり畑があったり、縁側から話しかけたりします。

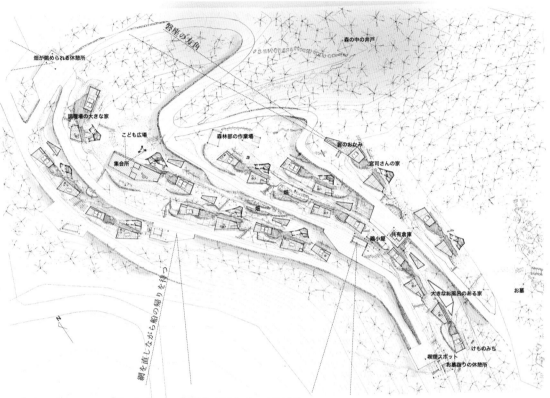

家から町へ、フラクタルに繰り返される風景

所々に設けられた共有のたまり場は、行為と風景を皆で共有する場所になります。家の中で意識される風景は、同じ構造で相似的に集落でも繰り返されて、全てを流された場所に徐々にアイデンティティとして根付いていくでしょう。

限られた環境だからこそ
生まれる共同体の形

一見住むことが困難そうな厳しい環境下では、年寄も若者も、人もニワトリも、みんな同じような暮らしの形になっていきます。限られた環境だからこそ、地形は緻密に読み解かれ、みんなのための場所へと開かれる共有の形が生まれます。地形の履歴を刷新してから建築するのではなく、敢えて厳しい斜面をそのままに建築を考えてみる。そうして見えてきた共有の形は、自然と共生しているこの町にふさわしい暮らしのあり方なのではないでしょうか。

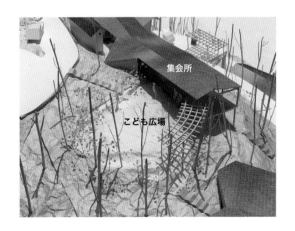

嗅い

早稲田大学　田辺研究室
創造理工学部　小岩研究室
建築学科　有賀研究室

稲坂 まりな　Marina Inasaka［学部4年］
内田 鞠乃　Marino Uchida［学部4年］
和出 好華　Konoka Wade［学部4年］

パッケージ化されたにおい
物質が発するにおい

物質が発するにおい＋建築を取り巻く空気のにおい＋自然環境から生まれるにおい＋地形特有のにおい…

「嗅い」

情報化技術の発展により、我々は交換可能である視覚情報に特別な地位を与えてしまい、景観といえば視覚的な問題が議論され、保全の方法も記憶の残し方も視覚情報に頼っている。また、視覚の体験は再生可能技術によって支えられ、一度きりの瞬間を機械で外部保存し、後に繰り返し擬似体験をすることができてしまう。しかし、嗅覚だけは無限に多様性があって交換不可能であり、二度とないかけがえのない体験に強く結びつく。どんなに技術が発展してもにおいだけは伝達されない。嗅覚は「時代に取り残される」のではなく、将来「人間の本能的な記憶の紡ぎ方を再起させる特別な感覚」になりうる。

においは2種類存在する。ひとつはアロマや香水、魚の焼いたにおいのように「数種類の媒体を配合し、パッケージングされたにおい」である。

もうひとつは「多様な環境下で生まれるにおいが無限に混じり合ったにおい」である。我々はこのにおいを対象とし、「嗅い」と定義する。

自然の豊かさと対話できる「嗅い」の建築

日本の抱える問題の一つとして「地方と大都市の過疎化・過密化」がある。これを解決するには地方を活性化させ、人口分散と経済循環を回すことが必要である。そこで、この問題を「嗅い」と「建築」で解く提案を行う。

自然豊かな国土は日本の財産であり、誰もが享受すべきものである。写真という視覚情報で享受するのではなく、「嗅い」で享受することでより強い記憶に結びつく。そして「嗅い」は、多様な環境要素と混ざり合って場の「嗅い」と化しているため、その場に行かなければならない。場の「嗅い」を空間として内包できる建築を地方につくることで誰もが自然の豊かさと対話でき、都心に住む人が地方に行く理由となり、地方活性化に繋がる。

氷上町には山々の風景、田園風景、お祭りなど地域に根付き、将来も住民の記憶に残すべきものがある。それらの記憶をふと思い出せるような強い記憶とするために手段として嗅いに着目する。町の中には多様な嗅いが存在する。町を嗅いという視点で捉え、嗅いを地図上に可視化し、それらを建築内に取り込む。

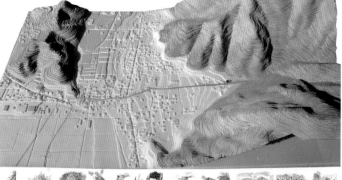

▲嗅いマップ

空気がたまる地ということは、
氷上町は「嗅いが溜まる地」とも言える。

兵庫県丹波市氷上町

氷上回廊
（南北に伸びる低地帯野）

日本の多様な自然環境が混ざり合う氷上回廊

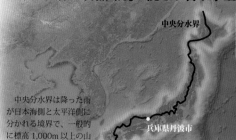

中央分水界

中央分水界は降った雨が日本海側と太平洋側に分かれる境界で、一般的に標高1,000m以上の山の稜線上にある。

兵庫県丹波市

兵庫県丹波市氷上町

兵庫県丹波市氷上町　　中央分水界断面

兵庫県丹波市氷上町は本州で最も低い中央分水界が通っているため、氷上回廊という南北に伸びる低地帯野が存在する。海と海が低地帯で繋がっている地形は日本でここにしかなく、日本海側と太平洋側の気候が入り混じる。

歴史上でも人間や生物・植物の通り道であり、南北の文化の交差・動植物の共生がある。氷上町は氷上回廊の中心であり、日本の特徴的な地形を唯一残く地でもある。

そして水も気候も混ざり合い、空気が溜まる地である。

嗅覚は、視覚や聴覚とは異なり交換不可能な情報であり、電波にのらない感覚である。将来的に「人間の本能的な記憶の紡ぎ方を再起させる特別な感覚」になりうると考える。土地特有のにおいと気候条件を生かし、建築内に淀みや通風といった様々な空気環境設計、感覚情報操作を行うことで大地と対話できる「嗅いの建築」を兵庫県丹波市氷上町に計画する。

嗅い装置として壺と窪を設計し、壺では生産活動を行い、窪では材料保管を行い、1階での個々の嗅いだまりが2階で混じり合う。1階では竹

釘および檜皮の生産活動ラインを交差させその間を縫うように、共有空間が広がる。各々の生産活動で発生するにおいは上階へ上ると丹波の豊かな気候条件と絡み合い場の嗅いを作り出す。そして、それらの嗅いは再現不可能な一度きりの嗅いとして資料館を包み込む。二階には高低差を意図的に設けることで、自身の活動内容に合わせて好みのニオイ環境の場を選び過ごすことが可能である。

唯一、空気を大きな空間として内包可能な建築を「嗅い」で解くことで建築の新たなストーリーがここに始まる。

選定エリア：兵庫県丹波市氷上町

▲2階（資料館）内観パース

▲外観パース

▲1階（制作活動）内観パース

▲1階平面図

嗅い × 地域の記憶
秋祭りや準備を行う場や神輿を保管する場を設けて準備期間にも人々が賑わう場を設ける。準備期間に漂う嗅いや祭理が残る道に残る嗅いが蓄積されて地域の嗅いとして建築内に残り続ける。

嗅い × 継承
蚕師・竹釘師の作業場を工程ごとに空間を分けることで工程ごとの嗅いの違いで人々の記憶に残す。作業場の先には材料である竹林と檜が現れ、五感全部で自然を楽しむ。

共感する場

嗅い × 住民の日常生活
オープンスペースや共同キッチン等嗅いを感じながら住民が集まる場を設ける。建築の前の道ではフリーマーケットやお祭りの屋台等人々のハレの場としても利用される。

嗅い × 教育
託児所や子供の遊び場で自然豊かな地域の嗅いを感じて子供が成長していく場を設ける。地元の仕事を体感できる子供のポップアップの場も設けて地域愛を育む。

土地特有のにおいと気候条件を生かし、建築内に淀みや通風といった様々な空気環境設計、感覚情報操作を行うことで大地と対話できる「嗅いの建築」を兵庫県丹波市氷上町に計画する。1階では竹釘および檜皮の生産活動ラインを交差させその間を縫うように、共有空間が広がる。各々の生産活動で発生するにおいは上階へ上ると丹波の豊かな気候条件と絡み合い場の嗅いを作り出す。そして、それらの嗅いは再現不可能な一度きりの嗅いとして資料館を包み込む。唯一、空気を大きな空間として内包可能な建築を「嗅い」で解くことで建築の新たなストーリーがここに始まる。

壺

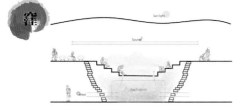

1階の壺の中の嗅いが2階に広がっていく。1階は壺の中の嗅いが閉じているため、個々に嗅いだまりができる。2階は複数の壺の中の嗅いが混ざり合う。ベルマウス形状を採用することで空気の流量を増加させ、上階に嗅いを効率よく届ける。

窪

窪は広く光を取り込み、1Fにスリット状の光をもたらす。お椀の形状が1階の嗅いを受け止め、嗅いだまりとなって上階の窪地に溜まる。

「竹釘師」
全国で一軒のみで生産されている「竹釘」。全国の需要を全て石塚商店が担っている。竹釘は作業工程で、同じ材料とは思えないほど様々なにおいを発する。

① 竹を保管する
② 節を削る
③ 中割り
④ 小割り
⑤ 竹籤にする
⑥ 面取り・裁断
⑦ 乾燥
⑧ 焙煎
⑨ 竹釘完成

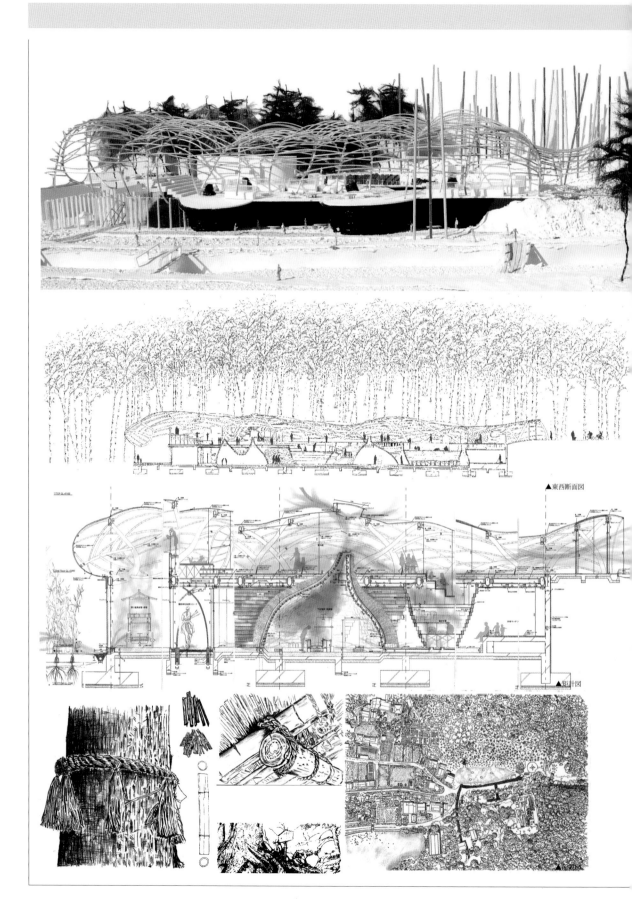

▲ 東西断面図

▲ 矩計図

▲東西南北立面図

▲建物ファサード　　　　　　▲建物バックヤード　　　　　　▲窪内観

あいまい空間による、らしさの継承とまちの更新

早稲田大学大学院　古谷研究室　｜澤田 郁実 Ikumi Sawada [修士1年]
創造理工学研究科　有賀研究室　｜矢野 有香子 Yukako Yano [修士1年]
建築学専攻

「輪」—何かと何かの連結を促すもの

空間・コミュニティー・経済活動などの多様な行為
の連結を許容し、私的なふるまいの連鎖を誘発する
「あいまい空間」は様々なその連結を許容する余地の
ことであり、私的な行為である、ふるまいの連鎖を
誘発します。

01 SITE—転換期を迎える問屋街「馬喰横山町」

地上階は合理性を追求した商業空間で
あり、小売をせず閉鎖的な一面を持つ。
一方、近年問屋業の衰退とともに、ク
リエーターや外国人等が集まり新たな
機能が集まりはじめている。
時間・空間スケールの多様で豊かな屋
外空間の存在が今後の問屋街にとって
重要なのではないだろうか。

地域資源としての
屋外空間

02 Finding—
「あいまい空間」の発見

道路空間や店先空間を倉庫的空間・庭先空間
にする問屋店主の方々が多様にふるまい使い
こなす空間を発見

あいまい空間
「様々な人が入り込む余白であり、
本来の機能を超えた行為を誘発させる空間」

近年、産業やライフスタイルの変化で同業種が集積してできた問屋街のようなまちは空洞化が進み、賑わいが失われつつある。

本計画は、その課題を抱える馬喰横山町を取り上げ、問屋街や周辺地域の持つ魅力、潜在的な問題、隠れた需要を読み取り、問屋街の蓄積された「らしさ」を継承しつつ、街の新たな更新の仕方を考えることを目的とする。

その方法として、問屋街で見られる商品の路上への溢れ出しや建物の間の物置化など、"様々な人が入り込む隙・余白があり本来の機能を超え

て多様なふるまいを許容するあいまいな空間性"に着目する。そして、そのようなあいまい空間を自発的に使いこなす人々のふるまい＝問屋街らしさを継承するあいまい空間を新たに再編する建物の個別建て替え計画、マスタープランや具体的な空間活用の姿を示す。

都市計画・地区計画とは異なる新たなまちらしさを継承する本計画のような更新手法のあり方を活用することで、転換期を迎える○○街と言われるまちを再生しながら、さらに新しい○○街を生み出し更新されていく姿が実現される提案である。

選定エリア：東京都中央区日本橋横山町

03 Plan－屋外空間が連結して再編する「あいまい空間」

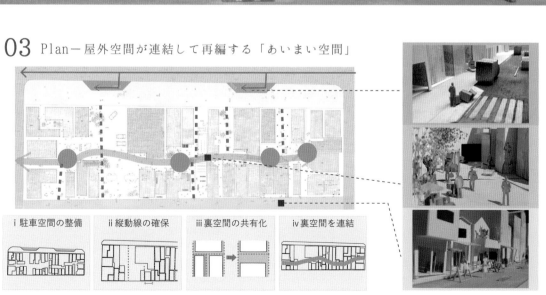

| ⅰ 駐車空間の整備 | ⅱ 縦動線の確保 | ⅲ 裏空間の共有化 | ⅳ 裏空間を連結 |

04 Plan－あいまい空間が創出するコミュニティーの連鎖・連結する空間

コミュニティーの連鎖

あいまい空間の創出により
朝・昼・晩を通し、
多様なコミュニティーの輪の
連鎖が生まれる。

朝

搬入動線・
ダンボールの仮置き場。
通勤者の通り道

05 Method－あいまい空間を生み出す個別建て替え

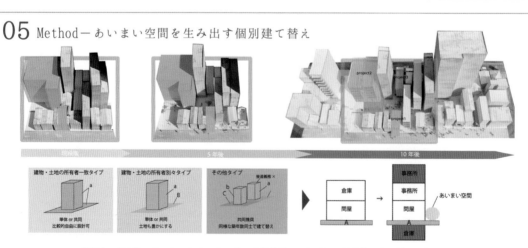

街区内の築年数の古いものから、あいまい空間を挿入しながら、段階的に建て替えを行う。
土地・建物スペックが建て替え前後で等価交換以上になるようなデザインを考案する。

昼　　夜

ランチをする場　　ランチをする場
子供達の遊び場　　子供達の遊び場

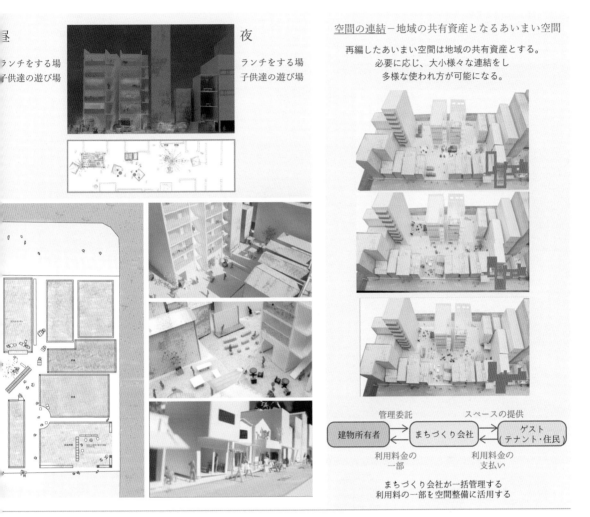

空間の連結－地域の共有資産となるあいまい空間

再編したあいまい空間は地域の共有資産とする。
必要に応じ、大小様々な連結をし
多様な使われ方が可能になる。

管理委託　　　スペースの提供

建物所有者　←　まちづくり会社　←　ゲスト（テナント・住民）

利用料金の　　　　　　利用料金の
一部　　　　　　　　　支払い

まちづくり会社が一括管理する
利用料の一部を空間整備に活用する

06 Future－らしさを継承し〇〇街を更新する手法

● あいまい空間

　あいまい空間を
　核とした新たな〇〇街

　更新される問屋

　問屋街の分布

本提案は、現在ライフスタイルの多様化により転換期を迎えている〇〇街と言われるすべての街で転用可能な更新手法だと考える。

たとえ、街そのものの機能は変われど、蓄積されてきたふるまいを継承し更新する中その街らしい空間（あいまい空間）を再編する事で、人がさらに自由に振る舞える余白が生まれる。そこでの使い方が都市空間にフィードバックされる事でその街らしさはさらに育まれる。

こうすることで、その街らしさを残しながら、現状の問屋街のような〇〇街を再生しながら、新たな〇〇街・文化を生み出す姿が実現される。

都市部における生態系境界の建築的調停
杜の都仙台2050年計画

東北大学大学院
工学研究科
都市・建築学専攻
石田研究室

岩田 周也 Shuya Iwata [修士1年]

Historical Changes in Sendai City

Sendai City Construction

Modernisation

World War II

17-18C | 19C | 20C | 21C

Castle Town
Living in harmony with nature and people

War Damage
The trees were burnt in the air raid

Current Situation
Sendai is famous for its roadside trees

"City of Trees Sendai" used to have a close relationship between people and the ecosystem, but now it is just a surface greenery.

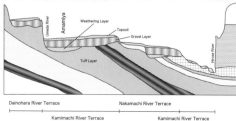

Ground of Sendai

Sendai is located on a terrace formed by the Hirose River. In Sendai, the gravel layer is an aquifer, the tuff layer is an impermeable layer, and the ground is rich in shallow groundwater, which is the basis of the greenery of the city of forest. Amemiya, the site of this project, has the potential to become the center of ecological networks.

「杜の都」と呼ばれる仙台。城下町の武家屋敷における植樹がその起源であり、かつては生態系と人の生活が密接な関係にあったが、太平洋戦争の空襲によりそれらが消失し、現在では街路樹等の表面的な緑化にとどまっている。そこで、2050年を見据え、仙台の生態系ネットワークを雨宮を中心として再編することで、都市部において生態系との共生を目指す。そのために、地形・風環境・眺望などの分析から導かれるランドスケープ的建築を提案する。これはアーチ梁を連続させることによって杜の都の根幹をなしている地層が隆起したような造形となり、上部は生態系の空間、下部が人の空間として両者を緩やかに分離し、梁のずれによって交流が生まれる。これによって杜の都仙台の市街地中心部においても生態系ネットワークと人間の営みが共生する未来の可能性を提示する。

選定エリア：宮城県仙台市青葉区雨宮

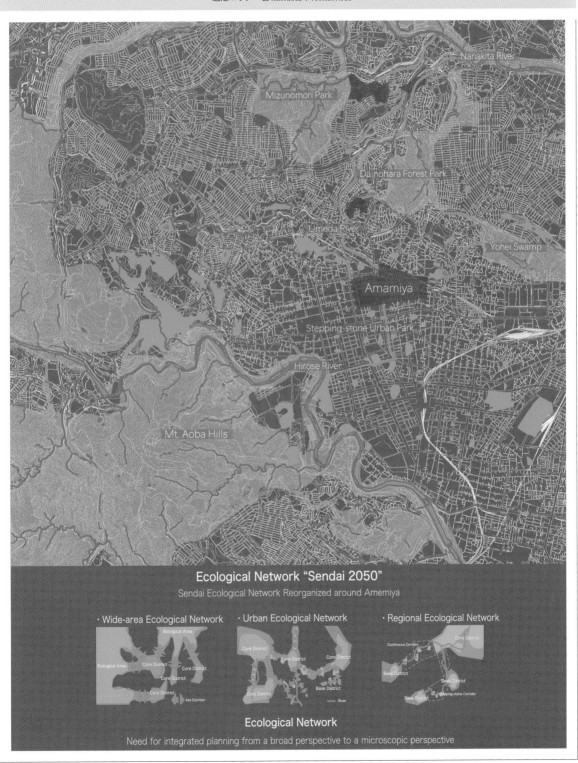

Nanakita River

Mizunomori Park

Dainohara Forest Park

Umeda River

Yohei Swamp

Amamiya

Stepping-stone Urban Park

Hirose River

Mt. Aoba Hills

Ecological Network "Sendai 2050"
Sendai Ecological Network Reorganized around Amemiya

· Wide-area Ecological Network　· Urban Ecological Network　· Regional Ecological Network

Ecological Network

Need for integrated planning from a broad perspective to a microscopic perspective

生態系ネットワークの分析

地形と水の流れの分析

眺望分析　　　　　風環境解析

多面的敷地分析

多面的なアプローチで敷地を分析し、
形態決定の条件とする

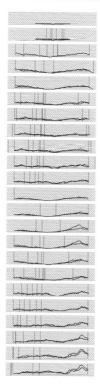

規定断面曲線

各種分析を条件として断面曲線を乱
数的に生成し、概形を規定

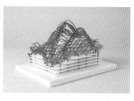

$t_2 = 40mm$

$t_1 = 19mm$　$H = 1000mm$

X : Steel-frame　　　$B = 400mm$　　　Y : CLT

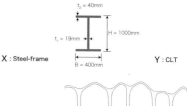

X　Y　X　Y

アーチ梁の構造

2種類の梁の構造材によってアーチのスパンに変化の幅

ランドスケープ的建築の概形

アーチ梁の連続によって規定断面曲線による造形を

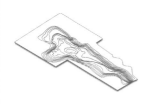

風化層まで敷地を彫り込み、か
つての湿地の姿を取り戻す

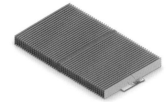

敷地条件から20mごとに規定断面曲線
を設定

規定断面曲線を緩やかにつなぐこと
で敷地に適応した三次曲面を生成

三次曲面をアーチ梁
て積分的に

形態決定ダイアグラム

全体として、杜の都の根幹をなす地層が隆起したような造形となり、これによって垂直方向にも緑が展開する。

このランドスケープ的建築の表皮は40ha以上の面積となり、これによって生態系ネットワークの拠点地区となり得る規模を獲得する。

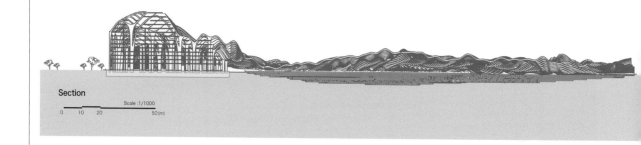

Section

Scale :1/1000

0　10　20　　　　　50 (m)

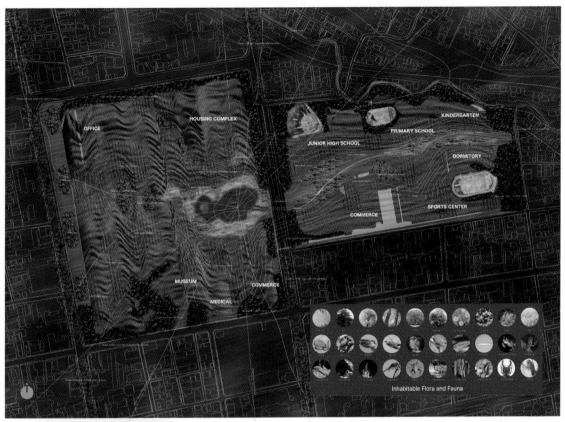

Inhabitable Flora and Fauna

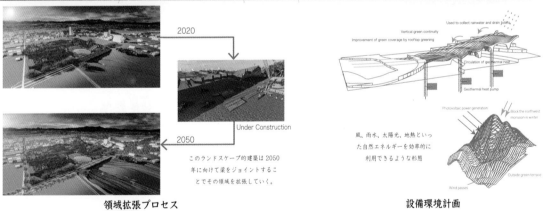

2020

Under Construction

2050

このランドスケープ的建築は2050
年に向けて梁をジョイントするこ
とでその領域を拡張していく。

領域拡張プロセス

Used to collect rainwater and drain points

Vertical green continuity

Improvement of green coverage by rooftop greening

Circulation of geothermal heat

Geothermal heat pump

Photovoltaic power generation

Block the northwest
monsoon in winter

風、雨水、太陽光、地熱といっ
た自然エネルギーを効率的に
利用できるような形態

Wind passes

Outside green terrace

設備環境計画

29h-歌舞伎町
インバウンドの傘に宿るナイトワーカーの地平

明治大学
理工学部
建築学科
建築・アーバンデザイン研究室

荒川 恵資 Keisuke Arakawa ［学部4年］

3　4

背景1：ナイトワーカーという特殊な社会生態

01-1 – 都市型単身赴任をするナイトワーカー –

■ナイトワーカーという特殊生態

歓楽街の歌舞伎町である、一見きらびやかに見えるこの街の裏に 29h までの世界を作り上げる人間たちがいる。それがナイトワーカーである。ナイトワーカーの中でも自分の商業店舗を経営している人達の実態を追っていくと、主に彼らは郊外に自宅を持ちながら、自宅に帰宅をせずにここに仮定住していることが分かった、つまり彼らは郊外に家族を持ち、都市型単身赴任として歌舞伎町に出稼ぎにやってきた人達なのである。彼らは家族に仕送りをしながら歌舞伎町に仮定住している。全員がこの層から、家賃を節約するために雑居ビルに住みつくことが多い。

都市型単身赴任

居住の形態

01-2 – ナイトワーカーの特殊なライフスタイル –

■「自転車」と「寝室」しか持たない住人

ナイトワーカーのライフサイクルを見てみると下記のグラフになる、12時間/日という過酷な勤務時間から自宅に帰らずに雑居ビルの屋上の簡易型ベッド小屋や店舗内にそのまま寝泊まりしている生活がされている。それらの人々は歌舞伎町内に点在する生活機能を自転車で駆け巡り、身支度を済ませ、職場に戻ってくるのである。彼らの生活の軌跡は自転車であり、自転車の分布を追っていくと彼らの生活圏が見えてくるのである。

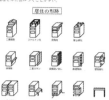

29h のライフサイクル

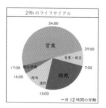

01-3 – 雑居ビルの屋上に形成されるナイトワーカーの屋上集落 –

スカイライン分地

スカイライン：ナイトワーカーの住処

■雑居ビル屋上の小屋

この歌舞伎町の低層雑居ビルの屋上にバラック的に発生した小屋が多数存在する、実はこれらは過酷な勤務時間帯から仮定住をするナイトワーカーたちが利用する寝室なのである、グラウンドレベルではこの街に来たビジター達が街を楽しんでいる歓楽街、屋上レベルでは歓楽街を作り出すナイトワーカー達の屋上集落が広がっているのである。彼らは屋上で半定住をしている中で、「お姉さん」のような関係も持ち合わせている。生活圏内がこの例で完結している、お互いに顔馴染みというか特には、彼らは家族のように親しく、半定住者同士で昼間に街を練り歩く様子も見られる、昼間に屋住者としても機能するこの歌舞伎町は昼と夜の二重性を持っているのである。

GL：眠らない歓楽街

■新宿区歌舞伎町のスカイライン

職安通り

大久保病院

東急ミラノ

TOHO シネマズ

花道通り

区役所通り

西武新宿通り

西武新宿駅

新宿駅からのフルート

建物高さ
50m
45m
40m
35m
30m
25m
20m
15m
10m
5m
● 路駐自転車

靖国通り

新宿区役所

明治通り

新宿区
歌舞伎町一丁目三番地

日本一の歓楽街新宿歌舞伎町。高層ビルの谷間の雑居ビル屋上にはナイトワーカーのためのバラックが人知れず群棲する。毎夜29hまで働く彼らはこのバラックを塒に週日のほとんどをここで過ごす。屋上に半定住する彼らは「都市型単身赴任者」であり、29hの世界を担っている。そんな一般社会に認識されていない彼らの生活は大規模再開発と共に流入してくるインバウンドに脅かされている。本設計では、余剰容積を活用し、資本主義に持て囃されるインバウンドの宿泊施設を提案しつつも、眼差しはナイトワーカーの日々の営みの改善や雑居ビルの安全性向上に注がれる。

宿泊施設のボリュームと雑居ビルの狭間に生み出された都市のヴォイドは、新たな「ナイトワーカーの地平」として歌舞伎町のランドスケープを更新し、社会を構築する。

選定エリア：東京都新宿区歌舞伎町

提案：資本の論理に乗じた既存欠陥街区の改善

■新たなナイトワーカーの地平

- インバウンドの住処
- 生活機能
- ナイトワーカーの住処
- 地平までの擬動線

1. 余剰容積率：低層域の雑居ビル等の余剰容積率を現行区に照らし新たに割り出す。

2. 防火手当て：火災時の多い雑居ビル火災の火災分析を行う。

3. 資本：確実に収益を確保できるインバウンド事業を用いる。

Phase I - 容積率の調整

01：余剰の容積率

低層の雑居ビルで構成される欠陥街区には、余剰の容積率が残っている。この余剰の容積率を主に用いてナイトワーカーの生活圏をデザインするプロジェクトである。まずは街区の更新のために一部の老朽化した建物を減築する。減築分の面積と余剰の容積を合わせた3259.9632㎡をキャを加えられる空間容積とする。

02：インバウンド施設の挿入

85.9%

資本の論理に乗じて、確実に収益を確保できるインバウンド宿泊施設を余剰容積率の85.9%を用いて上空に作る。この上空の施設の躯体線となるEVコアは建築年数によって減築した部分に配置する。この宿泊施設によって得られた資本を用いて欠陥街区の手当て、ナイトワーカーの生活圏の整備をする。

- ■余剰容積率の算出
- ■減築率による減築

余剰容積 + 減築容積
2057.9632㎡ + 1202㎡ = **3259.9632 ㎡**

■余剰容積率を新しい地平へ

インバウンド宿泊機能	85.9%
生活機能	9.9%
ナイトワーカー住処	4.2%

Phase II - 既存雑居ビルの防火の手当て（生活動線の確保）

03：サブストラクチャーの挿入

既存の雑居ビルでは火災が頻繁に発生する。過去に発生した大火を分析すると主に5つの原因があることが分かった。それらを解消するためにまずは、計画したメインコアの大局格に4mグリッドのサブストラクチャーを挿入する。

04：既存雑居ビルの手当て

サブストラクチャーに準じて防火の手当てをする。手当ての項目の中で2方向避難や屋内階段等の「避難路の確保」がある。この手付けの避難路が解除されてきたナイトワーカーの生活動線となる。依常時には梯子に登りまくって住処までの擬動線、災害時には雑居ビルの避難経路となるのである。

- ■防火の手当て 1
- ■防火の手当て 2

Phase III - 新たな地平の創出

05：ナイトワーカーの住処

ナイトワーカーのもつ特殊な空間は主に二つある。一つ目は屋上倉庫、二つ目は屋上庭であるが、どちらも用途はバラックとバラックが発生したものであり、前者は寝室として、後者はローカルに馴染みのあるリビング的な使われ方をしている。この空間を繋ぎながら4.2%分を用いて住処の更新をする。

4.2%

06：生活機能をぶら下げる

資本の論理に乗じて作ったインバウンドの住処と、ナイトワーカーの住処は時間軸がずれて生活サイクルが違っている。この時間軸のずれを用いてインバウンドの生活機能の一部をナイトワーカーに解放する。地上に隔離されてきたナイトワーカーの生活機能が新たに上空にできる。資本によって作られたハリボテの裏側でナイトワーカーの社会が形成されているのである。

9.9%

- ■踏承するナイトワーカーの特殊空間
- 屋上集落
- 棚小商店
- ■現代版バラック：プレハブ小屋
- 現存の小屋は既存の廃材で作られたものであった。現代では地上の部材を想定したプレハブ材を平物屋根に用いて小屋を作り、茅葺屋根の用途を全て各階にばら撒く。
- 寝室　簡易キッチン　収納　極小倉庫

- ■インバウンドの生活機能の解放
- 1F シャワールーム　2F コインランドリー　1F・2F キヨスク

「現代社会の中には都市...

そんな彼らのために...

GL±0 裏路地：ナイトワーカーのための駐輪場

GL+3000 旋回路：可動階段がナイトワーカーの生活動線になる

GL+6000 汎用キッチン：ナイトワーカーの集まるコモンな空間

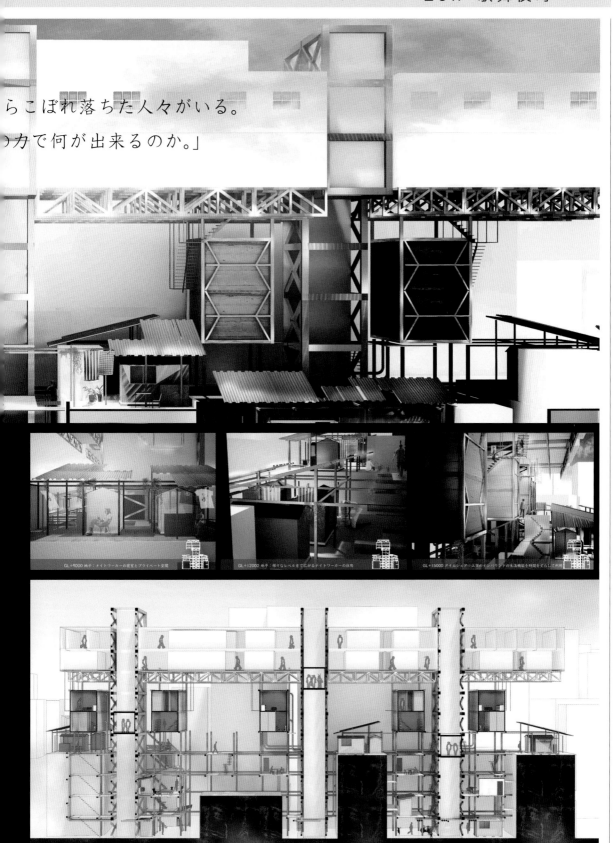

らこぼれ落ちた人々がいる。

力で何が出来るのか。」

GL+9000 地下：ナイトワーカーの寝室とプライベート空間

GL+12000 地下：様々なレベルまでにつながるナイトワーカーの住居

GL+15000 タイムシェア：上空のインバウンドの生活機能を時間をずらして利用

小さなおとなの大きな輪
－地方高齢者街区における集団防災網の再編－

信州大学
工学部
建築学科

宮西 夏里武 Karibu Miyanishi ［学部3年］

小さなおとなの大きな輪
－ 地方高齢者街区における集団防災網の再編 －

設計要旨

高齢化により限界集落への歩を進める長野県須坂市。かつて養蚕産業で栄えた繭蔵を有する伝統的な街並みも今は昔、そのほとんどが空き地となり、虫食い状の敷地が広がる。また対象街区において災害時に政令指定されている1次避難所は生活圏外にあり、高齢者自身による避難は極めて困難な現状と考える。本設計では高齢者が生活圏内において迅速に避難を行うことができる0次避難を目的とし、敷地ポテンシャルを活かした土地利用・ネットワーク整備による住民同士の集団防災網の構築を提案する。

高齢者 蔵
・活用
・拠点
・解体再利用

防災ネットワークの構築

空き地
・整備
・外部拠点
・延焼防止

集落に建てられる集会所は住民の憩いの場であり
災害時に備えた備蓄倉庫でもある。

背景と敷地

災害国家日本において災害は絶えることのない課題であり地方都市とはきってもきりはなせない関係にある。本設計では高齢者の逃げ遅れ問題に注目する。繭蔵で栄えた須坂市は伝統的な商屋の連なりによって縦に奥行のある敷地割が連続していた。結果として上町地区はかつての敷地割によって生まれた土地の空白が顕著な地区である。調査方法としてまず初めに、対象街区内において行政指定の避難場所をマッピング。街区を中心に距離を測定した結果、街区内には避難所が不足しており、高齢者の迅速な避難が困難な状況が見えてきた。行政指定の避難場所までは距離が遠いため、街区内のヴォイドを生活広場へと転用し、0次避難場所を設計する。この街が脈々と受け継いできたご近所付き合いのネットワークを残しながら高齢者が安心して外に出ることができる社会を作り出す。

『高齢者の逃げ遅れ』

■ 逃げ遅れ
■ 着衣・着火
■ 自殺・巻き添え
■ その他・不明

年齢

図．年齢別・火災で死に至った経緯（2012〜2016 合計）
平成29年度消防白書 付属資料 1-1-19 より

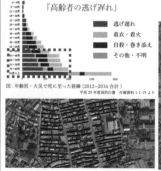

かつての敷地境界線　増設された敷地境界線

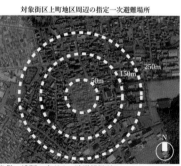

対象街区上町地区周辺の指定一次避難場所

250m
150m
50m

N

分散・遠隔に広がる一時避難場所　■行政指定一次避難場所

高齢化により限界集落への歩を進める長野県須坂市。かつて養蚕産業で栄えた繭蔵を有する伝統的な街並みも今は昔、そのほとんどが空き地となり、虫食い状の敷地が広がる。
また対象街区において災害時に政令指定されている1次避難場所は生活圏外にあり、高齢者自身による避難は極めて困難な現状と考える。本設計では高齢者が生活圏内において迅速に避難を行うことができる0次避難を目的とし、敷地ポテンシャルを活かした土地利用・ネットワーク整備による住民同士の集団防災網の構築を提案する。

選定エリア：長野県須坂市

配置計画

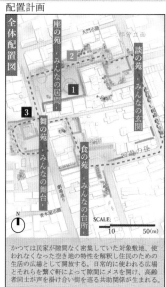

全体配置図

座の苑 -みんなの居間-

談の苑 -みんなの玄関-

舞の苑 -みんなの舞台-

食の苑 -みんなの台所-

N

SCALE:
10 50(m)

かつては民家が隙間なく密集していた対象敷地。使われなくなった空き地の特性を解釈し住民のための生活の広場として開放する。日常的に使われる広場とそれらを繋ぐ軒によって隙間にメスを開け、高齢者同士が声を掛け合い街を巡る共助関係が生まれる。

計画手順

STEP1 ----- ▶ STEP2 ----- ▶ STEP3 ----- ▶

空き地にいのちを吹き込む

1 再生前

街区を裂く大きな傷跡

再生後

焼杉材デッキ

土間コンクリート

【街の空白＝災害時の住民の一時避難場所】

かつて住宅が立ち並んだ敷地も高齢化によりヴォイドへと変容した。街の風景になじむ日常的な行為を広場に当てはめることで住民同士が見守りあえる街区へと再生する。高齢者が外に出られる社会。

繭蔵の中身を街に出す

2 再生前

ブラックボックスと化した産業遺産

再生後

金属製ストーブ

その他家具や古着

可燃料 地元杉材

【蔵の中身の見える化＝産業資産の活用】

手入れが行き届いていない蔵の中身を外部に開放。蔵や空き家などの産業遺産は寺子屋やカフェに、蔵に隠されていた布切れや木材がストリートファニチャの素材となり街の風景を再形成する。

小道に軒を巡らせる

3 再生前

身長以上の高さがある重厚なブロック塀

再生後

カーボネート屋根

既存ブロック塀

杉木材

コンクリート金鏝仕上げ

【敷地を隔てる壁＝延焼防止のハブ】

敷地を隔てるブロック塀は延焼を防ぐ防火壁の役割を人知れず果たしている。蔵の中に隠されていた材料や地元木材をワイヤーで繋結することで軒に『広場を繋ぐ路地』という新しい価値を付与する。

中央の煙突はこの街の新たなシンボル．日常的に散歩や読書，おしゃべりに住民が訪れる．

屋外キッチンでは住民が朝ごはんを共にする風景が．

蔵に保管されていた古着や木材が外に飛び出し、街の風景を再形成していく．

井戸には動物たちも集まり、賑やかな街区が取り戻される．

集会場には日常的に住民が集まり、緩やかなひと時を過ごす．

上：座の苑
中央左：食の苑　　中央右：街区内の蔵
左下：談の苑　　下中央：舞の苑　　下右： CBの防火壁改修図

既存コンクリートブロック + 屋根材

対象街区の再生には3つのステップを段階的に踏むことで
防災網の再編を目指す。
街区内には高齢者をはじめ多種多様な人間が共生している。
ここでは抽象的な将来像を住民と共有することが目的ではなく、
住民が必要としている、より実感しやすく実現性の高い方法での
具体的・明解な避難方法を提示することを目指した。

繭蔵の中身を街に出す

製糸業で栄えた産業遺産 繭蔵

市内に見られる蔵の再生事例（ゲストハウス）

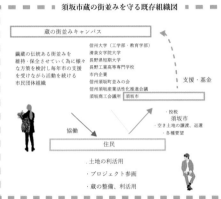

須坂市蔵の街並みを守る既存組織図

蔵の街並みキャンパス

繭蔵の伝統ある街並みを
維持・保全させていく為に様々
な方策を検討し毎年市の支援
を受けながら活動を続ける
市民団体組織

信州大学（工学部・教育学部）
清泉女学院大学
長野県短期大学
長野工業高等専門学校
市内企業
信州須坂町並みの会
信州須坂市業活性化推進会議
須坂商工会議所　須坂市

支援・基金

協働　　住民

・投税
須坂市
・空き土地の譲渡、返還
・各種要望

・土地の利活用
・プロジェクト参画
・蔵の整備、利活用

【蔵の中身の見える化＝産業資産の活用】

現在、須坂市では伝統的な繭蔵を有する建物の保全を目的とした民間行政一体となった取り組みが行われている。蔵の街並みキャンパスは顕著な取り組みであり、蔵を守るためのアイデアを広く募り、行政とのすり合わせ通じて実際の利活用へとつなげている。本設計を蔵の街並みキャンパスを通じ、毎年年末年に行われている市民向けのキャンパス報告会において発信することで行政の支援を受けながら広く住民の理解を図る。所有者が高齢者となり、住民本人による利活用が難しい繭蔵に対しては一度市が借り受け、テナント化し貸し出すことで収益を得て街区で循環させる。

空き地にいのちを吹き込む

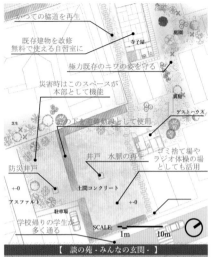

かつての脇道を再生
既存建物を改修
無料で使える自習室に
極力既存のニワの姿を守る
寺子屋
庭園
裏庭
災害時はこのスペースが
本部として機能
ゲストハウス
軒下を避難動線として使用
防災井戸
ゴミ捨て場や
ラジオ体操の場
としても活用
芝生
井戸　水脈の再生
土間コンクリート
+-0
アスファルト
駐車場
+-0
学校帰りの学生が
多く通る
SCALE：　1m　　10m

【 談の苑・みんなの玄関・ 】

街区の中では最も車の往来が激しい本町通りと接している空き地の再生。正面は庇によって周りの住宅とのファサードの連続性を保ちつつ、中央の空地には生活井戸を掘る。この敷地に古くから眠り、現在は暗渠となった裏側用水を表出させるための操作。災害時のライフラインを確保。

小道に軒を巡らせる

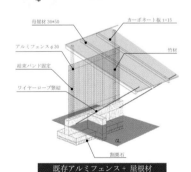

母壁材 30*50
カーポネート板 t=15
アルミフェンス φ30
竹材
結束バンド固定
ワイヤーロープ緊結
割栗石

既存アルミフェンス + 屋根材

【 敷地を隔てる壁＝延焼防止のハブ 】

昭和以降の急激な敷地割によって生まれた敷地境界線に建てられたブロック塀やアルミフェンス。これに木屋根やカーポネート屋根を住民主体で組み上げるプログラムを付与、行政が進めるコンクリートブロック塀の耐震検査を並行して行うことで、強固な防火壁と避難動線が同時に立ち上がる。

須坂上町地区最小限逃げ地図

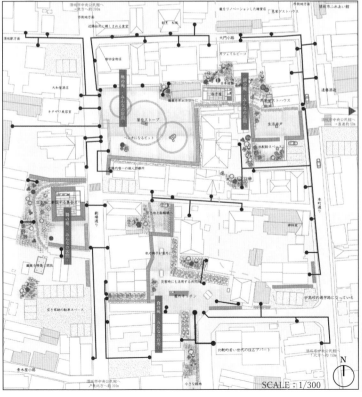

SCALE；1/300

対象街区においての最小限逃げ地図を作成
これまでの都市規模のハザードマップから
街区最小単位での避難動線を検討・明示することで
住民の避難意識を高める。
再生した空き地広場に集まることで、
これまでの『逃げる』防災から、高齢者にも容易な『助けを待つ』
防災へとシフトする。
今後増加し続ける地方高齢者街区においての防災網の編み方に布石
を投じるとともに、モデルケースとなる再生を試みる。

凡例

- 0次避難経路
- 0次避難広場
- 0.5次避難施設
- 繭蔵（未活用を含む）
- 行政指定の1次避難施設所在方角
- 水路（現在は暗渠）
- コンクリート塀の転用庇
- 街区住民用の集約駐車場

祭りの眠る街で

3/365に現れる建築の二面性

芝浦工業大学
デザイン工学部
デザイン工学科
谷口研究室

早乙女 駿 Shun Saotome［学部4年］

| 3/365、建築は街の混沌の一部となって祭りに溶け込む

茨城県石岡市中町商店街

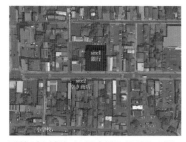

石岡市の中心市街地である中町商店街は、江戸時代には常陸府中藩の城下町として栄え、明治期以降も石岡市の商業の中心地として発展してきた。

石岡のおまつり

中町商店街は9月に3日間かけて行われる例大祭のメイン通りである。例大祭は関東三大祭りの一つでもあり、無形文化財である石岡囃子を奏でながら練り歩く山車は石岡市のシンボルである。

看板建築

町の大部分の建築物を焼失させた「昭和4年の大火」からの復興のシンボルである「看板建築」の店舗が現存するノスタルジックな町並みを形成しており、観光客も訪れる名所である。

移ろう季節の中での自然への畏敬から祭りは生まれ、地域ごとの文化や生活と深く関わり合い、相互に形を変えながらそれぞれの街に根付いてきた。しかし、多くの地域では近年の技術の発達や街の開発に伴って、街特有の文化や風景が失われようとしている。その結果、街は季節感を失い、ハレとケの両者が曖昧化しており、その先の祭りは自然への畏敬も祭りを待ちわびる気持ちも存在せず、祭り本来の価値を失うのではないか。

茨城県の石岡市には関東三大祭りの一つである大きな祭りが存在する。

古くから街に根付くこの祭りは、街や人々と共に変化をしながら現在まで継承され、人々の生活に大きく関わってきた。さらにこの街には、街一体となって継承してきた看板建築が現存する。この街の人々にとって看板建築は、祭りと同様に生活の一部になっている。ハレである祭りという行事と、ケの一部である看板建築。共に街の顔として共存してきたが、互いに関わり合うことがなかった二つの文化を利用することで、ハレとケを差別化する。そしてこの街がそうしてきたように、祭りがあるからこそ生まれる生活と共に発展することを狙い、新たな風景をつくる。

選定エリア：茨城県石岡市

｜輪の捉え方

1. 街のサイクルの輪

祭りがあるからこそ生まれるこの街の1年間のサイクルの輪

2. 賑わい方の輪

祭りの日だけの建築も一体となった大きな賑わいの輪

3. コミュニティの輪

子供、街の人々、観光客が繋がるコミュニティの輪

｜バッファーゾーンの形成

看板建築の継承

看板建築の構成をデザインソースとし、前方のファサードに厚みを持たせてバッファーゾーンとする。

装飾の可変性

362/365　　　3/365

木で組まれたファサードは装飾が可能で、普段は物産展やギャラリーの看板が取り付けられており、時期やイベントによって看板を変えることが可能。祭りの日には、祭りの幕で装飾される。

バッファーの二面性

362/365　　　3/365
内部のアクティビティを表現　　　祭りを眺める展望台

屋台の設置

バッファーゾーンに屋台を収納し、祭りの日の通りの幅を拡大。

｜テリトリーの層

2つの敷地は普段道路によって分断されており、通りから順に利用者のテリトリーが層に分かれている。上部の敷地は通りから順にバッファーゾーン、街の人をターゲットにした公民館やギャラリー、街の人と子供が適度に接触するデッキ、広場を挟んで子供の遊戯室やアトリエが設計されている。下部の敷地は通りから順にバッファーゾーン、観光客と街の人のレンタサイクル施設や喫茶店である。このように活動領域は分かれてはいるものの、お囃子の音が通りに響いたり、子供の作品が街に展示されたりと、作品や音がテリトリーをまたぐことでお互いの活動の一部が垣間見え、影響を与え合う。

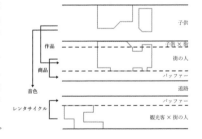

｜街並みの継承

町家に合わせたスケールで連続
▽
プログラムに合わせたスケールでスタディ
▽
中は広い空間や吹き抜けに

｜用途の転換

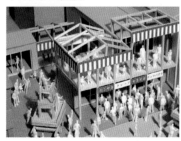 

街のポケットパークは山車の休憩所、会所といった祭りの拠点へと変貌する。ファサードは幕で装飾され、展示のためのデッキは展望デッキへ、デッキ下には屋台の設置場所へとなる。

｜扉の開放

362/365　　　3/365

祭りの日、道路が開放され、山車蔵の扉が開き山車が街に繰り出したとき、普段は子供だけの場所であった広場に街の人々や観光客が流れ込む。

First floor plan

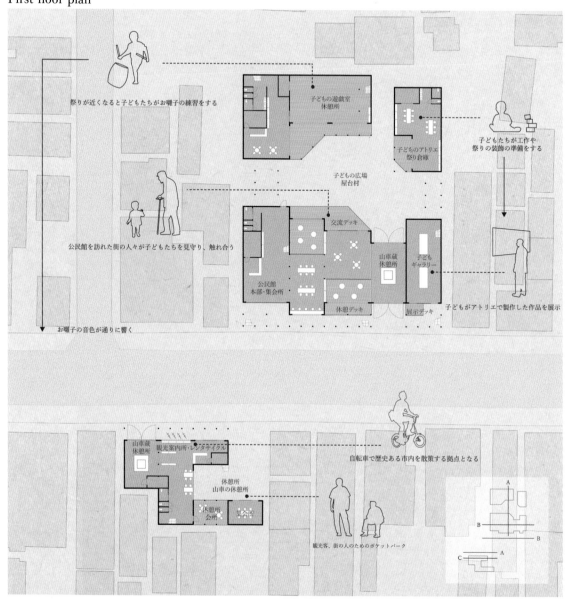

祭りが近くなると子どもたちがお囃子の練習をする

子どもの遊戯室
休憩所

子どもたちが工作や
祭りの装飾の準備をする

子どものアトリエ
祭り倉庫

子どもの広場
屋台村

公民館を訪れた街の人々が子どもたちを見守り、触れ合う

交流デッキ

山車蔵
休憩所

子ども
ギャラリー

公民館
本部・集会所

休憩デッキ

展示デッキ

子どもがアトリエで製作した作品を展示

お囃子の音色が通りに響く

山車蔵
休憩所

観光案内所・レンタサイクル

自転車で歴史ある市内を散策する拠点となる

休憩所
山車の休憩所

休憩所
会所

集会所

観光客、街の人のためのポケットパーク

祭りの日、二つの敷地を分断していた道路は歩行者天国に
なり、開放され、山車と人々のための道へと変わる。山車
蔵の扉が開き、山車は街へ繰り出します。

祭り以外の362日間は子供たちだけの場所であった広場に、
街の大人たちや観光客が流れ込む。

扉の先には、屋台で買った食べ物を持ち寄ってテーブルを
囲んだり、上からそれを眺めるという、新しい風景がある。

Section A –362/365–

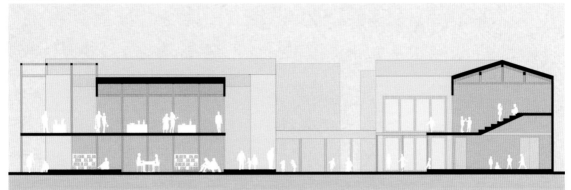

Section B –362/365–

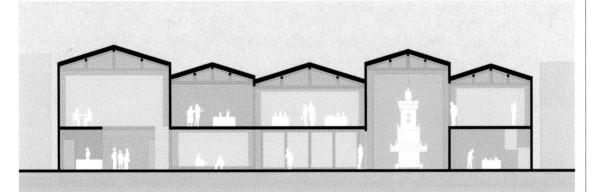

Section C –362/365–

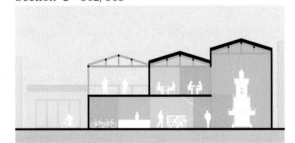

Elevation A –3/365–

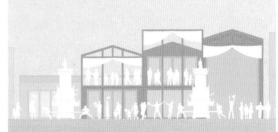

Elevation B –3/365–

妻籠舎
木造小学校校舎の意匠を活かした廃校舎の改修

信州大学
工学部
建築学科
寺内研究室

糸岡 未来 Miki Itooka [学部4年]

敷地

敷地は長野県南木曽町妻籠地区である。妻籠地区は伝統的な宿場町の街並みを保存する「妻籠宿」を有する観光地としての側面を強く持つまちである。妻籠宿の観光客は海外からの旅行客を中心に年々増加しており、宿泊施設の不足など観光客へのサービス供給が不足しているという現状がある。

旧妻籠小学校に関しては、現在はほとんど使用されておらず、校舎の左側部分を取り壊し新しい公民館を建設することも考えられている。

旧妻籠小学校の意匠　　　〜建具、什器、装飾〜

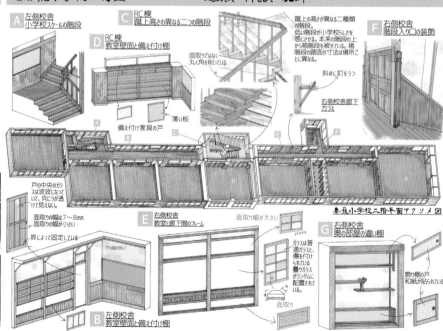

A 左側校舎 小学校スケールの階段
C RC棟 蹴上高さの異なる二つの階段
D RC棟 教室壁面と備え付け棚
F 右側校舎 階段入り口の装飾
E 右側校舎 教室と廊下間のフレーム
B 左側校舎 教室壁面と備え付け棚
G 右側校舎 奥の部屋の違い棚

昨今、少子化をはじめとする様々な問題を背景とし廃合統合される小学校が増加している。各自治体にとって廃校施設の有効活用は喫緊の課題である。小学校の校舎は誰しもに馴染みがあり地域施設として再生させることにおいて高いポテンシャルを持っている。愛着の要因である小学校らしさを小学校の意匠から読み取りそれを活かす改修を行うことで、地域の内外にインパクトを与える有益な木造小学校校舎の再生を目指すことを目的とする。

改修後の施設は、地域住民のための施設であり、妻籠という観光地に立地していることから観光客の利用があることが望ましい。そこで施設の具体的な機能は地域住民が使う公民館と観光客が滞在する宿泊施設とする。さらに校舎の立地を最大限に利用し、妻籠の祭事・行事の中心となる場所をつくる。祭事・行事の中心地となることで、宿泊者だけではなく日帰りの観光客も利用し、より多くの住民と観光客が関わり合う施設となる。地域行事に関わりの深い神社と街道との間に拠点ができることで地域活動が円滑になり、住民・観光客の両者にとって活動の範囲が拡大していく。

選定エリア：長野県木曽郡南木曽町妻籠地区

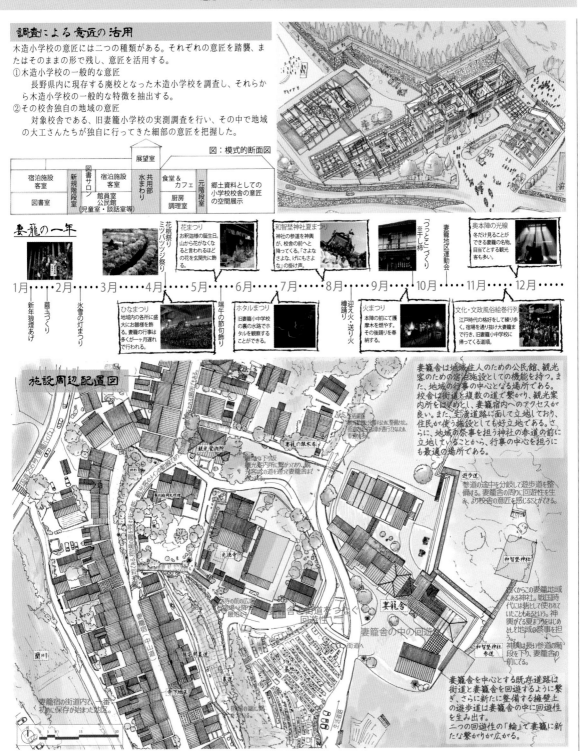

調査による意匠の活用

木造小学校の意匠には二つの種類がある。それぞれの意匠を踏襲、またはそのままの形で残し、意匠を活用する。

①木造小学校の一般的な意匠
　　長野県内に現存する廃校となった木造小学校を調査し、それらから木造小学校の一般的な特徴を抽出する。

②その校舎独自の地域の意匠
　　対象校舎である、旧妻籠小学校の実測調査を行い、その中で地域の大工さんたちが独自に行ってきた細部の意匠を把握した。

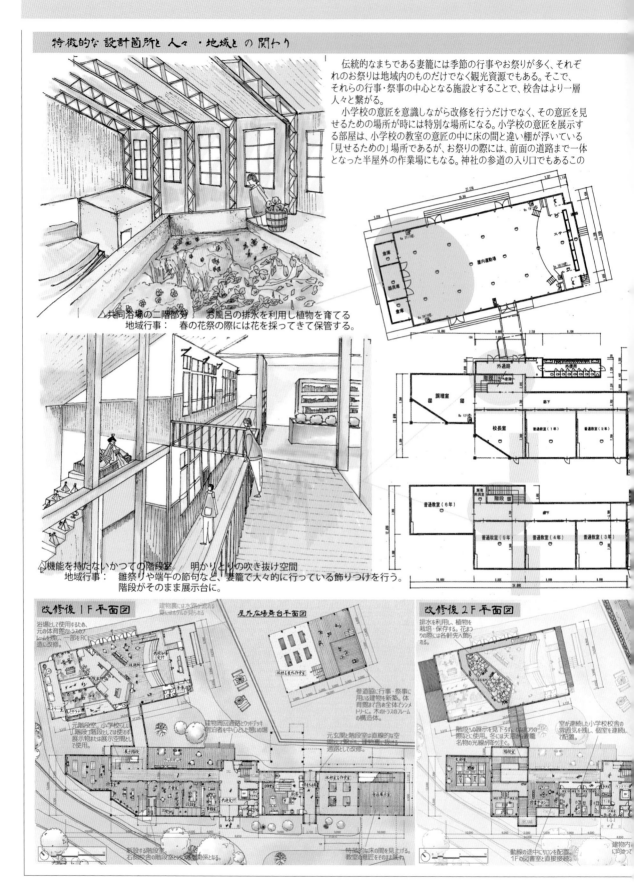

特徴的な設計箇所と人々・地域との関わり

伝統的なまちである妻籠には季節の行事やお祭りが多く、それぞれのお祭りは地域内のものだけでなく観光資源でもある。そこで、それらの行事・祭事の中心となる施設とすることで、校舎はより一層人々と繋がる。

小学校の意匠を意識しながら改修を行うだけでなく、その意匠を見せるための場所が時には特別な場所になる。小学校の意匠を展示する部屋は、小学校の教室の意匠の中に床の間と違い棚が浮いている「見せるための」場所であるが、お祭りの際には、前面の道路まで一体となった半屋外の作業場にもなる。神社の参道の入り口でもあるこの

△共同浴場の二階部分　お風呂の排水を利用し植物を育てる
地域行事：　春の花祭の際には花を採ってきて保管する。

△機能を持たないかつての階段室　明かりとりの吹き抜け空間
地域行事：　雛祭りや端午の節句など、妻籠で大々的に行っている飾りつけを行う。
階段がそのまま展示台に。

改修後1F平面図

屋外広場舞台平面図

改修後2F平面図

場所からお祭りをスタートさせる。また、小学校の階段部分は、階段はそのまま残すが、2階には繋がっていない「見せるため」の階段室とした。この空間も日常ではその意匠を感じるためだけの空間だが、行事の際には階段の段差がそのまま展示台として利用できる。このように、見せたい意匠の空間を地域の行事・祭事の中心の場所とすることで、地域の中心と、見せたい部分の中心が重なり、機能や用途がなくとも、その意匠を活かした有益な空間となる。

- ⬭ 用途・機能を持たない空間
- ▭ 新たな用途・機能を持つ空間
- ◯ 上下階をつなぐ吹き抜け
- ◯ 各所で目につくようにする小学校らしい部分
- ◯ 小学校の意匠を見せる場所
- ◯ 新規 RC 造

△小学校意匠の展示空間　床の間の部屋をあえて吹き抜けとし、意匠を見るための場所とする。
地域行事：　夏祭りや秋の文化風俗絵巻のための半屋内の準備場所、作業場。

▽2F 増築部分　擁壁上に整備する遊歩道と接続し、敷地内を回遊できる。
地域行事：夏には水路に多くの蛍が舞い、イベントとなっており、ウッドデッキや遊歩道から鑑賞する。

特徴的な 設計箇所と 人々 ・地域と の 関わり

　地域の内外の人々にとって、新たな地域の拠点施設ができたことを示すために校舎の外観や建物の外部についても改修を行う。
　外観の改修として、既存のトラスの架構を生かしながら屋根を変化させる。既存のトラスに対して、軒・棟の延長や材質の変更といった操作を行い、その屋根の下の室の機能に応じて屋根を変化させた。また、トップライトには格子のスリットをいれ、冬の妻籠宿の見どころとなっている光線を再現する空間をつくる。分割された屋根は、集落の屋根並みと調和する。また、トタンと瓦、別の材質の屋根材が入り混じっている風景も妻籠宿の風景と重なる。
　施設前には新たに広場を設け、そこに祭事やイベントに使用する舞台を新築する。この操作により、敷地内における建物が対称性をもった配置となり、木造小学校校舎らしさを増す。

模型写真
S=1/100 ▷

Mobilivity
Mobility+Live+City

神戸大学
工学部
建築学科
遠藤研究室

梅原 きよみ　Kiyomi Umehara［学部4年］

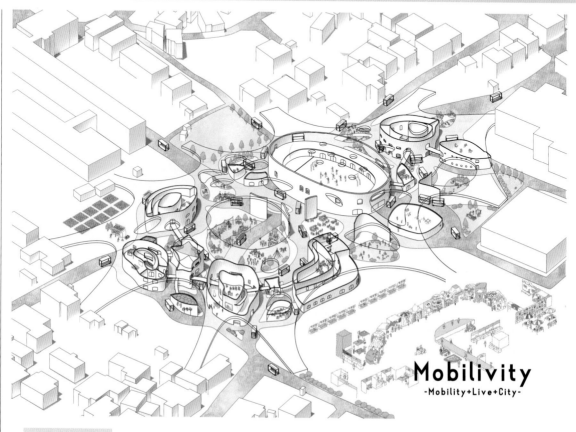

Mobilivity
-Mobility+Live+City-

コンセプト　-2050年の暮らしかた-

2050年、人々は自動車を持たなくなる。まちに共有の自動運転車が走り、乗りたいときに呼ぶ。自動運転車は機能をもち、移動しながら機能を楽しむことができる。家に機能がやってくる。病院、スーパー、役所…ほとんどの機能は自動運転車となり、家から出ることがなくなる。家から出なくなった人々は、1人でずっとさみしく生きていく。

そんな"自動運転車によってばらばらにされる私たち"をなんとかしたくて、"自動運転車で集まる"建築を提案する。

みんなの家であり、自分の家。一家族一住戸は変化し、家の概念が新しくなる。

□自動運転年表

2020
Lv4限定地域での
無人自動運転移動サービス
OK

2030
Lv5完全自動運転車が完成
OK

2040
無人タクシーの登場

2050
商業用途モビリティの登場

□未来の問題とモビリティで解決できるもの・できないもの

疫病師者の増加　→自動運転により解決
児童施設の減少　→自動運転により遠方でも通えるようになる
育児と介護のダブルケア →自動運転では解決できない（一箇所に集まることが大事）
農業人口の低下　→自動運転により遠隔操作が可能に、ハードルが下がる
一人暮らし世帯の増加 →自動運転により孤立が加速
空き家の増加　→コンパクトシティ化
インフラの老朽化　→コンパクトシティ化
宅配ドライバーの減少 →自動運転により一定部分は解決するが、作業が課題

一人暮らし世帯↑

□社会問題年表

2021
介護離職が増大
ダブルケアが大問題に

2035
男性の1/3、女性の1/5が
生涯未婚
ひとり暮らし世帯 37.2%

2042
高齢者数ピーク 4000万人
勤労世代が 1256万人減少
（2025比）

2053
総人口 9924万人
（1億人を割る）

1億人↓

□自動運転化による建築の価値

①シェアの重要性

②大空間の重要性

2050年、自動運転が浸透し、機能を持った自動運転車が家に来て、家ですべての用事が済む世界。家から出ることがなくなり、一人暮しで孤立し、無縁化していく人々。そのような未来に、自動運転による「集まる」建築を提案する。住宅であり、公共施設であり、商業施設であり、そのどれでもないものを設計した。

自動運転の未来予測と社会問題の未来予測を調査し、将来の課題を考察したところ、数多く挙げられる課題のほとんどは、自動運転車の発達により解決・軽減するが、一人暮らし世帯が増加し孤立する問題は、自動運転車の発達に伴い外出の必要性が下がるため、孤立が加速することがわかったため、この問題を解決する建築を提案することにした。

飛行機ができたとき世界の距離が縮まったように、自動運転車によって同時間に移動できる距離が増え移動の煩わしさが軽減することで、家としてのテリトリー（領域）が広がる。広がった家に対して、住宅内の要素をまちの要素に置き換えることで、スケールに対応した新たな住宅のような型が生まれる。その新たな型を、モビリティと名付け、提案する。

選定エリア：滋賀県大津市和邇地方

提案　- 学区 8000 人を対象としたひとつの大きな家 -

□プログラム設定　-自動運転により縮まる距離、まちの家化-

自動運転車は交通弱者に対するまちの距離を縮める。例えば自分の家の寝室から浴室まで移動するのに徒歩で1分かかるとすると、同じ時間で自動運転車でいける距離はさらに長くなる。つまり自動運転車を使えば同じ時間で自宅から銭湯まで行くことができ、距離の変化はいえの範囲を広くし、まちが家になる。

□住宅内の要素をまちの要素に置き換える

家に用いられている部屋機能や家具機能などを、まちで用いられている機能に置き換える。家の機能に置き換えられたまちの機能が、ひとつのむ距離感で配置され、寝室のみとなった以前の家から、"まちのいえ"へと開かれていく。

クローゼット→倉庫	自転車→シェア自転車	テレビ→シアター
書斎→図書館	リビング→団欒の場	ポスト→郵便局
子供部屋→小学校	寝室→家	洗濯機→コインランドリー

自動車→共有自動運転車	冷蔵庫→スーパー
ガレージ→自動運転車停車場	キッチン→公共キッチン
風呂→銭湯	ダイニング→レストラン

□建築 × 自動運転車の接続

①ドッキング型　②広場型　③路地型

□建築 × 自動運転車の可能性

料理教室 × 子守カー　　コインランドリー × 図書館カー

固定化している建築と、動く建築。それぞれが互いに影響を及ぼす。
たとえば洗濯を待っている間、「本が欲しい」と思えば、図書館がやってくる。

家であり、公共施設であり、コミュニティセンターであり、そのどれでもないようなこのビルディングタイプを「モビリティ」と定義して、提案する。

敷地　滋賀県大津市　和邇学区

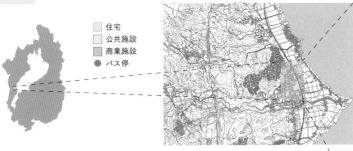

住宅
公共施設
商業施設
バス停

敷地は滋賀県大津市志賀地方の和邇駅から伸びる近隣商業地域の一角である。敷地周辺には商店・小学校などの児童施設・図書館や市役所支所などの文化施設・体育館やグラウンドなどの運動施設など、生活を支える施設が集中した地域である。人口は 8000 人程度。
私の地元であるここを、この建築のプロトタイプ実験の場として選定した。

ダイアグラム

1 敷地をまたぐ道同士を繋ぐ　　2 道を邪魔するように機能を置く　　3 道が分かれる　　4 機能に合わせて道が凹凸する

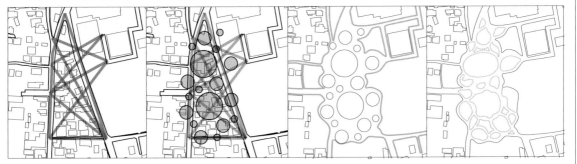

配置図兼1F平面図

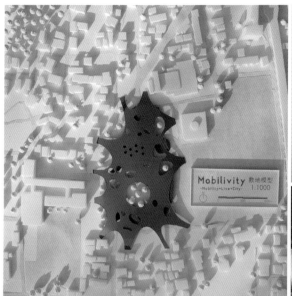

断面図

鳥のいる日常
－人と鳥のための建築によるグリーンインフラの形成－

東京理科大学大学院
理工学研究科
建築学専攻
伊藤研究室

高梨 淳 Atsushi Takanashi [修士1年]

ウグイスの鳴き声が聞こえれば春の訪れを感じ、ツバメが訪れれば幸福の予感をする。
また空を自由に飛び回る鳥により世界ともつながりをもってきた。
こんな小さな風景をまちの未来に残したいと思う。
現代における人と鳥の関係を見つめ直し、人と鳥のための建築群による
グリーンインフラの形成とその循環を提案する。
この建築によりグリーンインフラが形成され、空を飛び回る鳥によって
敷地を越えたつながりを生み出し、時間の移ろいとともにその輪は広がり
豊かな生態系とともにまちに愛された建築となる。

01. 生態系循環の中の指標　鳥

自然界では生態系循環の指標として認識されている，鳥の保護を行うということは自然ないし私たちの保護にも繋がるのである。しかし現在の都市部では人間が自然を破壊し鳥たちの居場所を奪い減少させている。
また鳥が人類に与える恩恵を生態系サービスといい、様々な生き物の中でも鳥という生物は生態系サービスを多く与え人間との結び付きは強い。

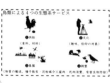

02. 敷地　緑地の中心　明治神宮の森

明治神宮の歴史は比較的新しく1915年から人工的な森として整備された。100年近く経った現在、明治神宮の森には多種多様な生物が棲みつき、神宮周辺は生物たちにとって歴史のある空間であり、人々の癒しの空間になっている。しかし新国立競技場の建設によりまた環境の変化が生まれようとしている。また周辺にはいくつかの緑地が存在するが関係性はない。

ウグイスの鳴き声が聞こえれば春の訪れを感じ、ツバメが訪れれば幸福の予感をする。また空を自由に飛び回る鳥帯により世界ともつながりをもってきた。こんな小さな風景をまちの未来に残したいと思う。現代における人と鳥の関係を見つめ直し、人と鳥のための建築群によるグリーンインフラの形成とその循環を提案する。この建築によりグリーンインフラが形成され、空を飛び回る鳥によって敷地を越えたつながりを生み出し、時間の移ろいとともにその輪は広がり豊かな生態系とともに愛された建築となる。具体的にはまず明治神宮周辺に見られる野鳥を

調査し、明治神宮的野鳥図鑑を作成し地域性を獲得する、また世界にある生物多様性に配慮した建築（バイオアーキテクチャー）を収集、分類、モデル化することにより普遍的な建築形態構成を獲得する。この二つの手法を用いることで明治神宮的生物多様性に配慮した建築を構成する。

鳥の活動領域に対し、既存の緑地をプロットし、重なった点を敷地とすることで、現在の活動領域を広げ、まち全体でのグリーンインフラを形成する。

選定エリア：東京都渋谷区

03. 明治神宮的生物多様性に配慮した建築手法

世界で見られる生物多様性に配慮した建築を収集、分類、モデル化することで生物が住み着きやすい建築形態を調査し、神宮周辺に見られる野鳥を体長、食性、営巣位置などの観点から明治神宮野鳥図鑑を作成する。これらを設計に援用することで、神宮周辺特有の生物多様性に配慮した建築手法を獲得する。この手法で作られた建築は明治神宮の歴史の一部となり、地域に愛される建築になる。

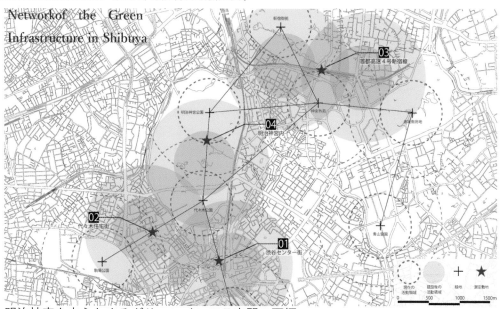

04. 明治神宮を中心とするグリーンインフラ空間の再編

人工の森明治神宮周辺のグリーンインフラを再編するためにエコロジカルネットワークを作成する。敷地選定の手がかりとして鳥の生態特性から敷地を選定し、その敷地のコンテクストに合わせて鳥の生態サービスからプログラムを決定する。

■渋谷的野鳥図鑑

■生物多様性に配慮した建築 バイオアーキテクチャー

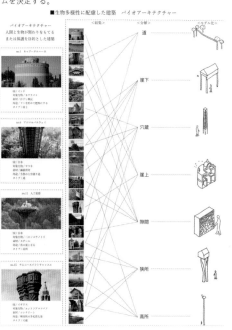

SITE01　広告塔、休憩所 × 生物捕食
渋谷センター街

渋谷センター街に建物裏などにたくさんいるハエやカラスなどの害虫・害鳥を鳥の捕食機能を用いてきれいな空間の休憩所として再編する。広告看板などの裏は鳥たちにとって風よけになり、楽園となる。広告により収益を生み出し、渋谷のシンボル的な建築になる。

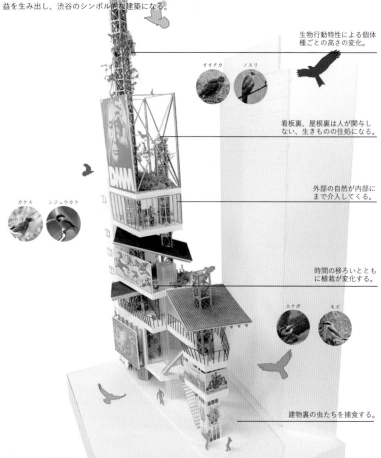

生物行動特性による個体種ごとの高さの変化。

看板裏、屋根裏は人が関与しない、生きものの住処になる。

外部の自然が内部にまで介入してくる。

時間の移ろいとともに植栽が変化する。

建物裏の虫たちを捕食する。

オオタカ　ノスリ

カケス　シジュウカラ

エナガ　モズ

広告や緑のあふれるこの建築は渋谷の新たなシンボル的建築となり生物認識も上がる。

SITE03　仮設工事足場 × 緑のコリドー
首都高速4号新宿線高架下

明治神宮と新宿を結ぶように走る首都高速4号新宿線では現在高架の修繕工事が行われようとしている。工事で必要になる仮設足場に対して、単管パイプやクランプ等によりフレームを作り巣箱や草花を植えることで、高架下空間の新たな景観となり、線的にグリーンインフラをつなぐ。

住民が植木鉢を置き景観をつくっていく

高さに合わせて集まる生きものが異なる

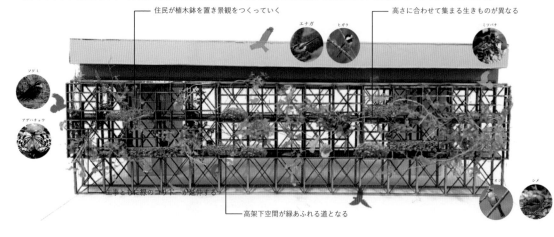

エナガ　ヒガラ　ミツバチ

ソジミ

アゲハチョウ

シメ

工事とともに緑のコリドーが延伸する

高架下空間が緑あふれる道となる

SITE02　都市立体農園 × 種子媒介
代々木住宅街

周辺にはさまざまな花や木が植えられているが、それはどれも観賞用で生物のためではない。そこでそれらの花粉や種子を鳥へ種子媒介のサービスを用いて地域の交流施設となるような都市立体農園を提案する。

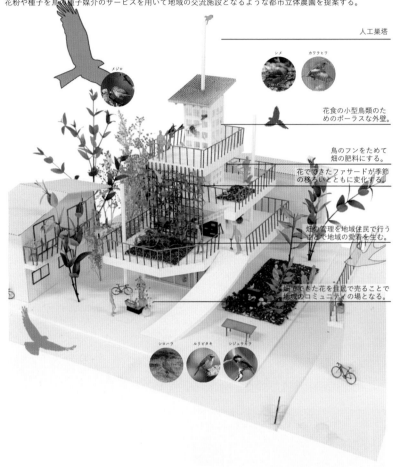

人工巣塔

花食の小型鳥類のためのポーラスな外壁。

鳥のフンをためて畑の肥料にする。

花でできたファサードが季節の移ろいとともに変化する。

畑の管理を地域住民で行うことで地域の愛着を生む。

畑でできた花を住民で売ることで地域のコミュニティの場となる。

人や鳥、植物など様々な生物の結節点になる。この住宅街のシンボル的な居場所となる。

SITE04　野鳥観察小屋、環境教育施設 × 趣味、教育の対象
明治神宮参道入り口

明治神宮の森には様々な生物や参拝に訪れるなどの人々が訪れる。そこで野鳥観察者と神宮参拝者等を結ぶために野鳥観察小屋と環境教育施設を再編する。人界と自然のレイヤーに対して横断するようにボリュームを挿入することで季節の変化や微細な生物の存在や変化に気づくことができる。

細やかな構造は様々な生物の住処となる

渡り鳥が訪れ季節の移ろいを感じる

自然に溶け込みながら野鳥を観察する

大自然が開かれる

池の上に立つ

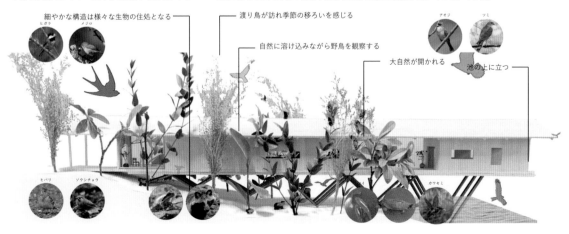

みずがたり
～副ダムという身近な水辺を囲む集落を道路と橋で繋ぎ、地域の自然環境と文化を継承する～

長岡造形大学
造形学部
建築環境デザイン学科
小川研究室

宮澤 夏生 Natsuki Miyazawa［学部4年］

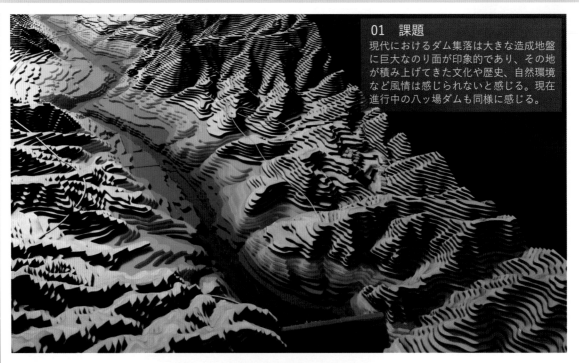

01　課題
現代におけるダム集落は大きな造成地盤に巨大なのり面が印象的であり、その地が積み上げてきた文化や歴史、自然環境など風情は感じられないと感じる。現在進行中の八ッ場ダムも同様に感じる。

大きな造成のり面

02　Concept

自然環境の保全と

伝統文化の保全の

両立

2020年に八ッ場ダムが完成すると、ここが首都圏の水のふるさとになる。水はすべての命をはぐくむ、命の紐なもと。さらに川原湯地区は源頼朝が発見し、800年以上の時を紡いできた川原湯温泉がある歴史的価値ある場所である。

八ッ場ダムの建設が決まり対象地はダムの底に埋まってしまう。川原湯川原畑地区は、代替え地へ移転した。代替え地にいってみると、大きな造成のり面が目に飛び込んできた。そして800年以上も続く温泉集落があるとは思えない景色に代わり風情は感じられなかった。

課題より、自然換気用の保全と伝統文化の両立が図ることができるダム集落の設計を考えたいと思う。

－ GIS 解析 －

地形　　　　　　勾配　　　　　　斜面方位　　　　累積流量　　　　日照時間（冬至）

現代におけるダム集落は大きな造成地盤に巨大なのり面が印象的であり、その地が積み上げてきた文化や歴史、自然環境など風情は感じられない。現在進行中の八ッ場ダムも同様に感じ、対象敷地とした。
対象敷地は八ッ場ダムの建設が決まり、川原湯、川原畑地区はダムの底に埋まってしまい、代替え地へ移転することとなった。利便性は向上したが、以前の風情や趣は感じられない。そこでエコロジカル・ランドスケープ手法で自然環境の保全と伝統文化の両立を図ることにした。
この課題を通して副ダムを中心とした集落を道路でつなぎ地域の自然環境と文化が継承される環境として、理想的なダム集落の形を追求し、今後全世界のダム集落のモデルケースとなる形を目標とする。

選定エリア：群馬県吾妻郡長野原町　川原湯地区・川原畑地区　八ッ場ダム周辺

03　Proposal

元々の集落の姿と周辺環境
周辺環境に合わせた土地利用があったが、ダム建設により集落はダム底に沈む

魅力要素
・希少種の植物や動物がいる
（ニホンカモシカ・イワタバコなど）
・流量の豊富な水がある

課題
・交通環境があまり良くない
・崖づくりになっており怖い
があげられる

また、この地区の魅力要素は
水に纏わっている
ということがわかった

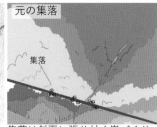
元の集落
集落
集落は斜面に張り付く崖づくりになっていた。

原設計の集落の姿と周辺環境
機能的で便利ではあるが、身近な水辺環境が失われた

魅力要素
・眺めがよい
・交通の便が良い
・高台のため作物がよく育つ

課題
・自然に乏しい
（大きな造成のり面が出現している）
・神社など文化的要素に纏わるものの風情が失われている
・動物の被害が多い
・身近な水辺を失った

という事があげられる

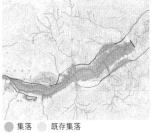
原設計
巨大なのり面
付け替え水路
集落
利便性は向上するが積み上げてきた文化や歴史などの情緒は失ってしまった。

3つの輪により副ダムを中心とした新たな環境の創出
魅力資源が水に纏わることより水が繋ぐ社会を目指す

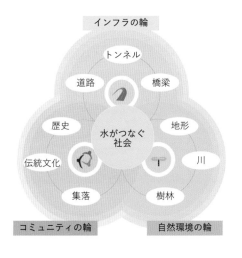

インフラの輪
トンネル
道路　橋梁
歴史　地形
水がつなぐ社会
伝統文化　川
集落　樹林
コミュニティの輪　　自然環境の輪

提案
集落
小さなのり面
石橋
トンネル
副ダムと滝
（身近な水辺の創出）
自然環境を保全をしつつ副ダムを作り身近な水辺を創出しその周辺に集落を点在させるクラスター型集落を設計する。

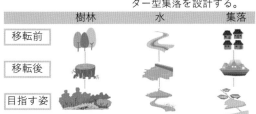

	樹林	水	集落
移転前			
移転後			
目指す姿			

水にまつわる重要な魅力要素を軸線上に
配置することで
今まで積み上げてきた文化・自然を
感じることができると考える
そして、水が集落、文化、自然をつなぐ

大湯

駅

神社

橋とトンネルを多用することで自然環境を保全する

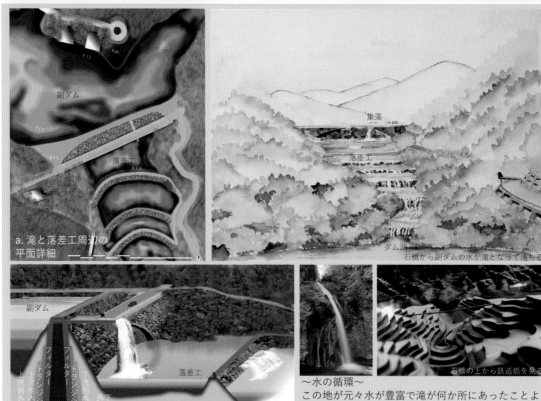

副ダム

落差工

a. 滝と落差工周辺の
平面詳細

集落

落差工

ダム湖
石橋から副ダムの水が滝となって落ちる

副ダム

フィルター
フィルタートランジション
上流側内部ロック
上流側外部ロック
下流側外部ロック
下流側内部ロック
フィルター
フィルタートランジション
コア

落差工

石橋の上から鉄道橋を見る

〜水の循環〜
この地が元々水が豊富で滝が何か所にあったことよ
り、残したいと考える。そこで、堰堤のすぐ脇の橋
からは副ダムの水が滝となって落ち、そしてその水
はダム湖へ流す。

70

b. 集落の平面詳細

~副ダムを中心とした集落~
微地形に沿って集落を配置することでできる限りのり面を減少させ、元ある自然環境を大切にする。さらに身近な水辺が創出されることでより豊かな自然環境となる。そして、集落の先には温泉街をちらりと望むことができる。

c. 温泉街の平面詳細

温泉街の目の前には川が流れ身近に水辺を感じられる。伝統文化である湯かけ祭りも橋の上で安全に行われる。

温泉街と大湯の様子

水辺によってつながる集落…失われたものは取り戻し新たな魅力が発見できる集落へと変化するだろう

大会終了後、エントリー総数110作品のなかから最優秀賞と優秀賞に選ばれた3組に、「都市・まちづくりコンクール」（以下、「都市まち」）への応募のキッカケやオンラインでのプレゼンテーションについて、今後の展望などを聞いた。

最優秀賞

朱 泳燕（東京理科大学）

Q 出展作品は卒業設計とのことですが、大学での評価はいかがでしたか？

朱 学内では2位でしたが、準備不足で挑んだ講評会でした。一つひとつのプログラムはよくわかるけれど、全体のイメージが伝わらないと評価されました。

Q 「都市まち」に向けて準備したこと、プレゼンで心がけたことはありますか？

朱 他の設計展にも参加していたので、そこでの経験を生かすよう努めました。特に「卒、20」では、会期2日間で合計10回ほどプレゼをしたので、どう伝えればよいのかが掴めてきた気がします。そこで審査員の方に、「短時間で伝えるにはまず何をつくったのかを明確に伝えるべき」と言われたので、「都市まち」ではその点を心がけました。

Q この作品に取り組んだキッカケは何ですか？

朱 日本に来て2年間住んでいた場所を敷地に選んだのですが、「ここにこういうものがあればいいな」と思うことがいろいろあり、それを実現したいと考えたことがキッカケです。敷地調査をしていくうちに、自分が限定的なエリアでしか活動していなかったことに気づき、留学生だけでなく高齢者を含む地元の方々など、さまざまな人が集まれる場があればこのまちがもっとよくなると考えました。

Q 審査員の言葉で印象に残っていることはありますか？

朱 中野恒明先生が、「自分の大学でも留学生が困っていたのでこの提案は素晴らしい」とおっしゃってくださったことです。同じような境遇にある留学生を見ていて、私の提案に共感していただけたのは嬉しかったです。

Q この作品に取り組んだこと、「都市まち」での経験を今後にどう生かしますか？

朱 今回の提案ではリアルな状況を考えながらつくったので、それを生かして、大学院の2年間で留学生のための施設を実際につくりたいです。留学生の多くはまずは日本語学校の寮に入らなければならないという現状があるので、もっと選択肢を与えてあげられるといいなと思います。

朱泳燕さん「百人町のうらみち・まなびみち」の模型

Q 「都市まち」に応募したキッカケは何ですか？

友光 先輩たちが過去に参加していたということもありますが、テーマが「輪」ということで、建築だけでなく地域の周辺にもともとあるものも生かしながら全体で輪をつくっていくという、僕たちの作品のコンセプトに通じていたことです。

Q オンラインでの審査会はいかがでしたか？

友光 話すタイミングが難しく、対面でないと伝わらない部分もあると感じました。一方で、遠く離れていても図面やパースなど絵で伝えられる部分があり、表現の練習になりました。

山下 模型を見てほしいという点や、表情を読み取ってもらえるような距離感で話したかったという気持ちも正直ありますが、プレゼン自体はやり残すことなく全て出し切れました。

Q 審査員の言葉で印象に残っていることはありますか？

松本 「どう実現するのか」という質問など、大学の講評会では出ないような鋭い指摘がいろいろとありました。形のある建築ではなく、プログラムのような形にならない部分をどうデザインするかということも評価する視点があって、そういう見方もあるのかと勉強になりました。

Q この作品に取り組んだこと、「都市まち」での経験を今後にどう生かしますか？

友光俊介／山下耕生／松本 隼
（早稲田大学）

山下 この計画を通じて、地元の人たちの声を聞くことが大切だと実感しました。地元の人たちが大切にしているものをできるだけすくい取って形にして、愛される建築をつくらないと使ってもらえません。その点を意識して今後の活動に取り組んでいきたいです。

松本 僕たちが選定した地域は、地震や風だけでなく津波もあります。ただ建てて終わりではなく、建ってから受けるであろういろいろな力を考えて、「計算して終わり」の建築にならないように、今ある設計方法そのものを疑う目を持って研究に取り組んでいこうと思います。

松本さん（左）と山下さん（右）、友光さんは電話での参加

Q 「都市まち」に応募したキッカケは何ですか？

伊波 大学の講評会では建築家の方々からはあまり評価されなかったのですが、都市計画・建築計画の先生は面白い提案だと言ってくれました。そこからもう少し深く都市計画の先生に作品を見てもらいたいと思うようになり応募しました。

Q 「都市まち」に向けて準備したこと、プレゼンで心がけたことはありますか？

伊波 プレゼンでは計画についての話を多めにしようと心がけました。提案の中身自体はそれほど変えた点はないのですが、大学の講評会でもらった意見を受けていろいろと整理できた部分はありました。

Q オンラインでの審査会はい

伊波 航（横浜国立大学）

かがでしたか？

伊波 コンペは模型が語ってくれるところが大きいと考えていましたが、今回は模型を出展する必要がなく、今回の僕の作品も模型で勝負するものではなかったので、得したかなという気持ちは少しだけありました。プレゼンではよかったと思う面が多かったです。審査員の手元に資料があって目の前に図面があるという状況で、そこに言葉で説明を重ねていくというのは、内容を伝える点ではとてもやりやすかったです。

Q 審査員の言葉で印象に残っていることはありますか？

伊波 自分のなかでは実現できるものとは考えていなかったのですが、「現実的にあり得る提案ではないか」とおっしゃっていただけたことに勇気をもらいました。

Q この作品に取り組んだこと、「都市まち」での経験を今後にどう生かしますか？

伊波 建築や空間は、「ここならこういう使い方があるのではないか」とアクティビティを誘発できる力を持っているという、主観的な想いがありました。それに対してどれだけ人から共感を得られるのか、それをどう実現していけるのかということを改めて考える機会になりました。これから大学院で研究を進めていきたいです。

授賞式

今年度の「都市・まちづくりコンクール」は、TV会議システムを使用したオンラインでの開催だったため、授賞式は後日、新型コロナウイルス感染予防のため、総合資格学院へ来校可能な一部の受賞者のみで行われた。併せて、「岸トラベル賞」の事前プレゼンテーションも実施された。

「岸トラベル賞」とは

岸トラベル賞は、受賞者に旅行券が授与され、各自の選定による国内外の都市・まちづくりを視察・体験し、旅行後にレポートを提出してもらうというもの。今年度は新型コロナウイルス感染拡大のため、旅行の時期・期限を設けず、また旅行自体を任意によるものとする。

2020年6月4日（木）
優秀賞
友光俊介／山下耕生／
松本 隼（早稲田大学）
伊波 航（横浜国立大学）

2020年8月21日（金）
北川啓介賞・岸トラベル賞
稲坂まりな／内田鞠乃／
和出好華（早稲田大学）

2020年8月9日（日）
岸トラベル賞
宮西夏里武（信州大学）

2

URBAN DESIGN & TOWN PLANNING COMPETITION 2020

公 開 審 査

公開審査

出展53組による一次審査でのプレゼンテーションの後、公開討議と審査員による投票により、最終審査へ進む10選が決定した。
最終審査では、10選に選ばれた出展者たちがプレゼンテーションを行い、都市・まちづくりのプロフェッショナルたちとの質疑応答に挑んだ。
そしてついに、エントリー総数110作品の頂点に立つ最優秀賞が決定される。

最終審査（質疑応答）

No.39 早乙女 駿（芝浦工業大学4年）
「祭りの眠る街で」　　　　　　▶52ページ

北川　祭りは3日間だけでなくそれに向かう準備や、季節的なものもあるので、まちにもっといろいろな事象が現れるのではないかと思います。祭りのない日常においてはどういうメリットがありますか？

早乙女　看板建築が有形文化財となっていて名所であり、日常ではそれを目当てに訪れる人たちがいます。しかし、看板建築であるがゆえに閉鎖的になっていて、休憩所などもなく、散策をする人がいないことが問題となっています。この提案では休憩所の役割も担えることができ、看板建築をモチーフにした新しい形の建築ができて、昔の看板建築と一緒に通りに並ぶという面で、日常にもメリットがあると考えています。

江川　2階は日常ではどのように使う予定ですか？

早乙女　2階は物産店や喫茶店など、基本的にお金が発生するプログラムになっています。ここでは1階が山車を無料で見ることができる展示スペースになっていて、普段見ることができない2階からも山車を見ることができます。また、祭りに使う幕紙などが日常ではここに飾られていて、祭りについていろいろ知ることができるスペースにもなっています。

江川　このまちの現状のポテンシャルから考えると、2階を住宅にしたほうがよいと思います。

早乙女　住宅というのは考えていませんでした。もともとここに銀行があったのですが、キャッシュレス化が進むなど、地方の銀行は経営状況が芳しくないという現状があります。金融機関がまちづくりに参加するケースもあるので、そういう新しい銀行の在り方ができているのが本当はベストだとは思ったのですが、それを取り壊して、周りを活かすという意味で商業施設をつくりました。

中島　確認ですが、「看板建築の継承」と書いてある断面図では、新しく付加される空間が既存のファサードの

最終審査選出作品（10選）

作品No.	最終審査選出チーム	参加会場	得票数
1	伊波 航（横浜国立大学）	五反田校	4
9	宮西 夏里武（信州大学）	長野校	3
14	荒川 恵資（明治大学）	五反田校	3
19	朱 泳燕（東京理科大学）	北千住校	7
20	草原 直樹（横浜国立大学大学院）	五反田校	5
26	矢野 有香子／澤田 郁実（早稲田大学大学院）	新宿校	4
31	岩田 周也（東北大学大学院）	仙台校	4
33	友光 俊介／山下 耕生／松本 隼（早稲田大学）	新宿校	6
39	早乙女 駿（芝浦工業大学）	上野校	5
44	和出 好華／稲坂 まりな／内田 鞠乃（早稲田大学）	新宿校	3

ラインの前にあるけれど、模型ではセットバックしています。新しく付加される空間のファサードは敷地のなかにあるのですか？ 断面図では道路空間にあるように見えます。また、仮設的なものなのか常設なのかどちらですか？

早乙女 ここのファサードは敷地のなかに入っています。常設ですが屋根などはなくて、建築と通りを緩衝する間の領域として定義しているので、常設ではありますが、テントのようなもので屋根をつくるなど、アレンジできるものとして提案しています。

中島 既存の看板建築は閉じているから、それを壊してこれをつくるという理由がよくわかりません。たとえば仮設的に、既存の看板建築の看板の前につくってもいいような気がします。

早乙女 改築の場合はそうしようと思ったのですが、この提案は既存の看板建築を取り壊すわけではなく新築です。

中野 この提案はプレゼンテーションが実に上手いと思って聞いていました。気になったのは、「362」という数字を書いている割にはその362日間についてのプレゼンがほとんどなくて、2階の喫茶店が本当に成り立つのかなという疑問があります。このまちで賑わいを2階に持ってくるよりは、やはり1階をメインにすべきという気がします。道路が25m級で4車線だと思いますが、歩道が狭いので実際は2車線でよいと思います。場合によっては歩道を少し広げて、そこに新しいシステムを付加するという形で看板建築を活かしながら、その前面に何かを付加するという方法でもいいのかなと思いました。その点で何か補足することはありますか？

早乙女 2階が重要とおっしゃっていましたが、1階は広いスペースになっていて、2階はお金が発生するところと分けたということです。喫茶店がどう機能するのかという点は、向かい側に物産店などがあり、そういうものを持ってくることができ、物産店の隣の空間も同様に、通りを挟んだ反対側のものを喫茶店に持ってくるこ

とができるということを考えました。

No.31 岩田 周也（東北大学大学院1年）
「都市部における生態系境界の建築的調停」
▶40ページ

柴田 地形から読み解くという点はとても面白いと思いました。しかし、なぜアーチの形なのでしょうか？ 既存の立方体的な都市の街並みがあって、そのなかに広大な範囲のアーチがインストールされるようなイメージですが、景観的に見てこれは大丈夫でしょうか？

岩田 仙台が杜の都と呼ばれるようになった要素として景観が重要です。仙台には河岸段丘を垂直方向に見る視点の場がいくつも存在していて、そこから見たときに河岸段丘の下段、中間、上段と垂直方向に重なる緑が連続しているという特徴があります。そのような重なりはアーチがずれていくことによって垂直方向にズレが生じて、それぞれに緑が乗っているため、垂直方向への緑の連続という仙台固有の姿をアーチで示すことができると考えました。景観に関しては、高層部だけが高くて他は周辺とそれほどボリューム差がないので、緑のアーチの形状が隠れていき、ただの地形のように見えるため周辺との調和が取れると考えています。

小林（正） 水際のパースですが、梁の構築物と、一番下に降りていった水際の梁を同じもので組んでいいのかとても疑問です。1/1,000や1/500のようなスケールと、人間的なスケールのところに同じ梁がきていて、よく見ると生物は横に移動できないように思います。

岩田 梁の断面に関しては全て同じものを使っていますが、断面が現れる部分としては、下の人間のところでは柱として降りてくる部分しか現れないので、柱が見える空間と、空間を仕切る要素として梁が上に出てくるため、このスケール感では問題ないと考えています。また、この部分では確かに横に移動できないのですが、アーチがずれていき、変曲点の部分ではアーチが揺れている部分同士が一つの面になって、面の部分がつながっていき、全体としては途切れることなくつながるようになっています。

鳥山 地域のさまざまな分析が織り込まれていて素晴らしい提案だと思いますが、この建物にオフィスや住宅、商業施設などが入るとなると、たとえば空調が必要となり汚水排水も出ます。人が生態系を崩さないようにこのまちに住むために、何かアイデアはありますか？

岩田 ここにできる生態系は人にコントロールされてできているもので、それが徐々に自然に発展していくとい

うストーリーになっています。梁の上部と下部とのつながりは限定されているので、関わりが必要な部分は関わり、関わりのない部分は分離することができると考えています。

小林（英） 地形や生態学的な分析はよくわかったのですが、そこからなぜこういう形態が出てくるのかがわかりません。乱数発生と書いてありますが、そこのロジックがよくわからなかった。それから、なかに入れるアクティビティがこれからの都市では非常に大事になってきます。プレイスメイキングとアクティビティが何なのかというのが重要で、その提案の部分でなぜ出来合いのファンクションを入れたのでしょうか？ また、これは10年15年経つと鳥などがたくさんの植物の種を落としていき、表皮が変わっていきますが、その管理はどのようにしたらいいのか。答えはないと思いますが、どう考えましたか？

岩田 形の決定に関しては、全体的な外形として高くあるべきところと低くあるべきところを定義して、それ以外の部分はアーチの梁がどういうスパンで付いていてもよくて、ランダムにすることで逆に多様性が生まれるのではないかと考えて決めました。管理については、仙台には屋敷林に囲まれた「居久根」があるのですが、人が間伐しないと屋敷林がある一定以上育たなくなってしまいます。居久根のようにある程度生態系が成長すると、住民などが手を加えて、木材を何かに使えるといった可能性も出てきます。住民が自分たちで管理してそれを利用する、その管理が生態系の不必要な増長を防ぐ、そういった相互に利益のある関係が生まれればと考えています。

小林（英） 「輪」という意味で考えると、そこがとても大事ではないかと思います。

No.44 和出 好華／稲坂 まりな／内田 鞠乃
（早稲田大学4年）

「嗅い」　　　　　　　　　　　　▶32ページ

角野 臭いはコントロールするのが難しいと思いますが、臭いの塊をどのくらいのボリュームで設定していますか？ また、屋内と屋外の臭いの演出の仕方をどのように考えていますか？ それからもう1点、どういう機能を持った場所にどういう臭いを用意したのか教えてください。

和出 規模は部屋単位の臭いと、そこから創出される部屋から抜け出したフロア単位の臭いという大きさを想定しました。屋内では生産活動などから人が発するものと、外から入ってくる空気といったさまざまなものが入り混じった臭いを想定しています。屋外では主に自然の臭いを想定しており、森林や竹林から発生するフレッシュな臭いを、演出というより、人々が感覚を研ぎ澄ませて屋内と屋外で臭いの差異を感じられるように考えています。「香り」など他の呼び方があるなか、なぜ「嗅い」という言葉を選んだかというと、いい香りだけではなくて、魚の生臭さやジメッとした雨の臭いなど、人がクサいと感じるような臭いも含めてデザインしたいと考えたからです。編み込んだところは屋根ですが、丹波市には竹が多くあるので、竹を編み込んでいます。この屋根は雲の形を想定してデザインしていて、自然のなかに雲が浮かんでいるような建築にしようと考えました。

角野 竹のフレームは組んでいるけれど、屋根が掛かっているわけではないということですか？ それともカバーされているのですか？

和出 これはカバーされていて、鉄骨フレームを大きく囲むようにつくっています。その間を竹で編み込んで、その上にシートでカバーしているという構造です。

角野 この場所はどういう用途を想定していますか？

和出 2階は屋内になっていて、屋根はこのような丹波の気候を最も取り込めるような形にしています。用途は資料館ですが、丹波の気候を外から取り込める半屋外空間にもできます。

中野 私も何度も丹波へ行っていまして、この提案はとても理解できます。気になったのは、臭いで建築を解くとありますが、「都市・まちづくり」という観点から考えると、この建築をつくることでまちの活性化や地域の伝統産業がどうつながっていくのかという点があればなおよかったです。

小林（正） 少し意地悪な質問になりますが、「臭いはその場所固有なのでそこに行かなければいけない」という

ことですが、私の知人が臭いを電子的に伝達する研究をしています。いずれそれが可能になったときに、固有の臭いはどのように変化するのでしょうか？

和出 確かに、科学技術が発達すると伝達できるかもしれません。けれど、私たちが扱っているのは個々の臭いではなくて、たとえば私が今いる新宿校のここの臭いというのは、この人数とこの空間の大きさからできる一瞬の臭いであり、それを記憶装置と結び付けようというものです。地方には空気の澄んだ臭いや、雨が降る臭いなど、都心では嗅ぐことのできない臭いがたくさんあって、それらは個々の臭いではないので伝達は不可能ではないかと考えています。

小林（正） いや、それもきっと伝達できるようになると思います。

鳥山 確かに海外から帰ってきて空港に降り立つと、臭いで「帰ってきたな」と思いますので、臭いと記憶は深く結び付いています。臭いに注目したのは面白いですね。ところで、リアルに丹波のフレッシュな臭いを嗅ごうと思うなら、単純に外に出ればよいのではないかと思います。あえてこのような装置でやろうとしたのは、丹波の新たな臭いを生み出そうとしているのか、それとも20年前の丹波の臭いを再現して展示したいのか、どちらでしょうか？

和出 この建築のメインの目的は、「壺」・「窪」のなかで、檜皮葺職人や竹釘職人という担い手の少ない保存技術の職人が作業できる場と、それらを保管する場を考えています。このような技術を継承しようという際は、作業場を見せるという「見える化」を考えることが多いと思いますが、たとえば作業場をガラス張りにしてただ見える化するといったものではなくて、臭いを手段としてこれらを継承していく、それが丹波の気候と混ざることで新しい臭い空間がこの建築内に生まれると考えました。

No.14 荒川 恵資（明治大学4年）
「29h－歌舞伎町」　　　　　▶44ページ

中島 資本の論理を上手く使いながら、新しいタイプの職住近接空間が生まれていると思います。世界観が完結している提案なので、一番嫌な質問かもしれませんが、この提案を「輪」というテーマと結び付けられますか？

荒川 今の時代は東京オリンピックによって変わりつつあって、ローカルとビジターの関係だけでなく、インバウンドでより異質な外国人観光客が流入することでライフサイクルが壊れ始めています。そこで、建築の力によって、インバウンドとナイトワーカーの時間軸のズレというもので上手くサイクルを調節してあげることが、「輪」をつくることだと考えています。

柴田 上に行けば行くほどプライベートな寝室の空間構成になっていますが、ナイトワーカーは基本的に昼間寝るわけですよね。そうすると、上に行くほど夏場は暑いといった問題があるのではないですか？　なぜこの構成にしたのか、ナイトワーカーの生活リズムと提案している建築との関係をもう少し教えてください。

荒川 もともとナイトワーカーの住み処というのは屋上のペントハウスで、それによって集落をつくっています。このランドスケープを新しく更新する方法を探して、このような提案になりました。夏場の暑さですが、幅員の大きい通りは再開発されて、小さい通りは建築基準法により低層の建物があるという状態なので、ここはあまり日当たりがよくないため大丈夫だと考えています。

柴田 実はナイトワーカーは好んで屋上に住んでいるのではないと思います。その辺りにもう一提案あればよかったです。

角野 問題提起型の提案としてはとても面白いと思います。ナイトワーカーのライフスタイルを分析して、社会的弱者が都会のなかで生息する空間を提案したいということはわかりました。しかし、それをこういうメガスト

ラクチャーをつくって解決しようというのは、少し建築に寄り過ぎている気がします。オルタナティブの提案はなかったのでしょうか？

荒川 初期案では低層の既存の雑居ビル部分を改善しながら、ナイトワーカーの生活圏をデザインし、居場所をつくるというだけでした。メガストラクチャーをつくったのは、ナイトワーカーの敵であるインバウンドというものをあくまで手段として使い、そこからぶら下がってくる生活機能の一部を逆に使ってやるという考えからです。オルタナティブというよりはブラッシュアップしてこの形にたどり着きました。

角野 この計画そのものが新しい観光地と言いますか、都市の資源として見られることもあるのかなと思って聞いていました。いわゆる問題解決型というよりも、これはこれで一つの新しい施設になるように思います。

中島 ナイトワーカーの住まいが問題だと考えるなら、もっと違う解決策があると思います。この提案では彼らのライフスタイルをポジティブに捉えているところがあるのではないですか？「職住近接空間のこういう場所で暮らすという、都市のなかの新しい住居タイプの提案なんだ」ということであれば理解できますが、そうでなければ、もっと根本的な問題をきちんと解かないとダメだと思います。

荒川 このライフスタイルを僕は結構ポジティブに考えています。29時までの歌舞伎町のきらびやかな世界は、こういう労働時間が12時間超えの人たちがつくっていて、そのライフサイクルはかなり特殊で家に帰る時間がありません。週6日ペントハウスに住むような状況があるけれど、このナイトワーカーたちは地方から稼ぎに来た人や、何かしら理由があって働いている人たちであるというヒアリング結果があって、ライフサイクル自体を根本から変える必要はないと考えています。

北川 この建物の事業主は誰を想定していますか？

荒川 事業主は明確には決めていません。いろいろな視点からメリットがあるように上手く行政計画や都市計画

のなかに位置付けて、民間にどのような利益があるのかも考えながら、いろいろなものを詰め込んだ結果の形です。

No.19 朱 泳燕（東京理科大学4年）
「百人町のうらみち・まなびみち」
▶16ページ

小林（正） 使用者同士のつながりや周囲の活動のつながり、都市のつながりなど、「輪」というテーマについてとても丁寧に計画されていると思います。このテーマを選ぼうと思った理由は何でしょうか？ また、どのような形で日本に留学に来られたのかも少し紹介してもらえますか？

朱 自分が留学生であるということがキッカケです。2年間日本語学校で過ごしたのですが、その間は日本人と知り合う機会が全然なくて、日本語を上達する機会がないという状況がとても不合理だと感じました。また、大学に入るためには日本語だけでなく、面接やその他の試験もあってさまざまな知識が必要とされるのですが、日本語学校では日本語しか教えてもらえないので、留学生は進学することが大変難しいです。たとえ進学できたとしても、日本社会との接点がないと就職も厳しいという現実からこの提案に取り組みました。

小林（正） リアリティのあるプロジェクトだと思います。

角野 留学生と言ってもいろいろなバックグラウンド・文化を持った人がいると思いますが、たとえばアジアから来る人たちにとってこの提案はとても楽しそうなまちかもしれませんが、欧米やアフリカといった他民族の視点から見たときに何か考えたことはありますか？

朱 私は中国人ですが、中国人は同じ食卓を囲んでみんなで食事をするのが好きです。以前旅行したヨーロッパでは、日本と違ってカフェやレストランなどは2人で食べるテーブルが少なくて、大きなテーブルを囲んで知ら

ない人同士で食事をすることがあり、話しかけるキッカケにもなっていました。出会って話す場を１箇所つくることで、違う国の人同士が話しかける機会ができると考えました。

中野 提案のなかでsite１、２、３と３つあって、それらが完璧な形で提案されているのに感銘を受けました。私の大学でも東南アジアやアフリカからの留学生がいましたが、孤立してしまうので、このような地域で受け入れるシステムを提案するというのは素晴らしいことだと思います。中国から来られた方々はプレゼンが上手な印象がありますが、あなたは中国で建築教育を受けてから日本に来たのですか？

朱 高校を卒業してから日本に来て、日本で初めて建築を勉強しました。

中野 そうでしたか。素晴らしいと思います。

中島 留学生の動線などかなり調査されているのですが、その辺りの話とsite との関係、都市的なスケールでの調査とsiteの選択はどのようになっているのですか？

朱 敷地をその３箇所に選定した理由でしょうか？

中島 はい。都市的な観点から。

朱 まず、日本に来て初めて住んだところがこの２箇所でした。青い点は私や友人たちがよく利用していた飲食店です。友人たちが利用していた動線を分析すると、自分の動線も友人たちの動線も一定のエリアから先に進まないことがわかり、調べてみると、百人町は一丁目から四丁目まで順に住んでいる人の年齢層が高くなっていました。site３の施設はそういった人たちをつなげる場になると考えて選定しました。

中島 site１と２はどういう理由で選んだのですか？

朱 通っていた日本語学校がここにあって、大久保通りから一歩通りに入ると都市のウラのような雰囲気の場所になっていて、日本語学校がたくさん並んでいる通りとこの通りに一本の道ができると考えました。使われていない隙間や古い建物を新築にして、一本の新しい道をつくることで、都市のオモテとウラをつなぐことができるのではないかと考えました。日本に初めて来た人たちはあまり遠い場所には行かないと思うのですが、この敷地から真っ直ぐ線路に沿って進んで行ける範囲で、site２も３も今は廃墟になっているのでそこを利用しようと考えています。

No.9 宮西 夏里武（信州大学３年）
「小さなおとなの大きな輪」 ▶48ページ

小林（英） シナリオとロジックはよくわかったのですが、たとえば空き地をリノベーションして価値あるものにしていく、あるいはそれと連携して蔵のアクティビティを高めていく、そういうものを住民も参加しながらやっていくと、その場所の価値が高まります。そうすると周辺の価値も高まり、住み替えも含めて全体の魅力が高まっていくと思うのですが、10年後よりもさらに先の将来についてはどのようなイメージを考えていますか？

宮西 須坂のメイン通りにある蔵は、観光客向けにゲストハウスやギャラリーなどに活用されていますが、この街区においてはまだ多くの住民が住んでいる現状で、わずかに残っている蔵をどうするのかが課題となっています。私は住民にとっての価値も残しておきたいと考えていて、10年後というスパンで見ても住む人は変わらないと想定しました。蔵の街並みキャンパスでは、所有者が高齢化してどうにもできない蔵を市に委託して活用しようという活動を行っています。市が買い取った蔵に外部の個人事業主などが出店をしていくという形で、街区のなかに店ができて少しずつ豊かになっていきます。観光向けというよりも住民のための店となる蔵が点在していき、あくまで住民主体で盛り上がっていくようなまちをつくりたいと思っています。

小林（英） 賑わいや集まる場所だけでなく、福祉や医療といった高齢化社会に対しての投資など、行政や民間が手当していくというシナリオのオーバーラップは考えていますか？

宮西 高齢化の進む街区に対して、災害時に逃げ遅れることなく１次避難を行うために、最初の一歩を踏み出す際にそっと背中を押せるまちづくりを最終的には提案したいと考えています。災害時の初動の段階で０次避難として、まずは近くの集会所に集まって１次避難の助けを待つというところを提案したいと思い、街区のなか

の小さな仕組み図のようなものを考えました。

江川 「最小限逃げ地図」というのは、毎年のように更新していく必要があると思いますが、どのような仕組みで誰がつくるのですか？

宮西 この地図は、敷地調査のなかでヒアリングをしながら作成したものですが、それはあくまで建築家目線での一つの手法だと思っています。理想的には、街区のなかの人たちが集合する場所を設計するために集まって、話し合うなどして、住民同士で維持・更新していければいいなと思います。

中野 同じ長野県の小布施は個人の資産家が地主さんで、プロジェクトを全部仕切って、宮本忠長さんという建築家を登用して全体を設計しました。それと同様に、須坂市がまちづくり会社を地元につくって、小布施の地主さんのような役割を果たすというやり方をすれば、これは実現すると思います。あなたはまだ学部3年生だと聞いてビックリしました。これからさらにレベルアップしていくと思うので、将来こういう提案で、地元の活性化のために頑張ってください。

中島 災害時に高齢者が逃げ遅れるというもともとの課題と、逃げ地図の関係が少しわかりにくいです。体が悪くて家から出られない人をどうやって地域の人が助けて、外に出してあげるかということのほうがポイントなのではないかと思います。このような0次避難場所がないことが逃げ遅れと関係しているのかどうか、論理としてどのようにつなげていますか？

宮西 家から出るという最初の一歩が、私も一番のネックの部分だと感じています。逃げ地図をつくるときに考えたのは、一人で一直線に広場まで逃げていくという動線が一番効率的ですが、こういう小さな街区のなかではご近所付き合いがあり、お隣さんと顔見知りというのが根付いているということです。単純に逃げるのではなくて、一つの動線から3つ線が伸びていて、近くの人に声を掛けながら広場まで逃げていくということを考えた避難動線にしています。

中島 ソフトの取り組みやコミュニティを育てる取り組みと、こういう空間の整備が一体とならないと説得力に欠ける気がします。この動線だけではもともとの設定した課題は解けないと思います。

No.26 矢野 有香子／澤田 郁実（早稲田大学大学院1年）
「あいまい空間による、らしさの継承とまちの更新」
▶36ページ

柴田 少し意地悪な質問かもしれませんが、規模感が小さく、大きなことはできにくいけれどちょっと何かに使うことはできる空間を見つけて、それらを結合させてある種のスケールを取って、あいまい空間をくっつけて「曖昧でない空間」をつくろうとしているようにも見えてしまいます。あいまい空間をどのくらいのスケール感で考えていますか？

矢野 それぞれの敷地のことを考えて、敷地を共有して、他人の敷地を自分のものとして使うことで上手くやろうとしました。あいまい空間のサイズは小規模で、小さいコミュニティで使うことを想定しています。たとえばまちづくり会社が管理して、街区のなかで定期的なイベントを行うといったことにも使えるという意味で、屋外空間として多様な使い方ができます。また屋外空間であるため、上階のクリエイターがギャラリーを開くなどインターフェースにもなるようにして、店先で少し喋るということから簡単なイベントにも対応できるようなスケール感で捉えています。あいまい空間を屋外空間と連結してつくったことで、大小さまざまなスケールが使えることがポイントです。

柴田 あいまい空間というあやふやな感じを、もう少ししっかりした提案に固められるとより説得力があったと

思います。

角野 個別建て替えをベースとして、それをつないでいこうということだと思いますが、時間のスケールはどのくらいで考えていますか?

矢野 私たちが設計した大きな広場の空間が最も築年数の古いところで、そこは直近で生み出されると思っています。ここの登記簿も調べてつなげ方を考えたのですが、新しい建物もある場所なのでかなり長いスパンで、20年30年は掛かりつつも、さらに蓄積されていって新しいあいまい空間も生み出されていくのではないかと考えています。

中島 何でもあいまい空間のように見えてしまいます。多様な使い方を誘発させる原因は何なのかという考察がもっと必要で、それを上手くこの空間に落とし込めばいいと思います。それが今はまだはっきりしていなくて、いろいろなスケールを用意すれば誘発できると考えているように聞こえるので、そこをしっかりできていればよかった。もう一つ気になったのは、古い建物から順に建て替えるという点です。建物は古さだけでなくいろいろな性質があって、たとえば問屋街だと2階のフロアが大きいとか、ダンボールを積んでおくために階段が広い空

間であるなど、そういったところは古くても活かしたほうがいいのではないでしょうか。単純に古いものから更新するのではなくて、そこにある一つひとつのストックの性質を見極めながら、丁寧に最終的な形をつくっていくことを考えましたか?

矢野 現地の人の話も聞いて、たとえば現状では問屋業界が小さくなったために、もともと1棟全部が問屋だったけれど今は上階が空いているだとか、問屋らしい階段といったものはきちんとリサーチしています。上階が空いている部分には、外部に階段を付けて新しく機能を入れられるようにするなど、現地の空間性を反映しながら細かな設計をしています。裏空間の使い方も提案しています。

中島 図が1階の配置図しかないので、もっと立体的な面白さを示す表現がほしかったという気がします。

鳥山 長い短冊型の敷地で、接道していない真ん中の建物は成立するのだろうかと疑問に思いました。こういう長手の区割りを持つ敷地に対しては、表通りに面しているところに容積を積んで、建物裏の空地をブロック全体のあいまい空間と位置付け、「みんなのリビング」を提供する、といった売り方のほうが受け入れやすいのではないでしょうか。

江川 等価交換みたいなことは言わずに、公共空間として固定資産税を減免するなど、もっときちんと考えたほうがいいと思います。ボイドをつくっていくのはとても重要なことなので、それぞれの価値を、あるいはまち全体の価値を高めるために必要なものだと認識して提案したほうがよいです。

北川 高台移転した居住地域と今回設計した2つの建物の関係はどのように考えていますか?

友光 高台居住地が海の見えない位置にあるということを、地元の漁師さんたちはかなり苦言を呈していました。僕たちはこの浸水域の部分が生きていくラインだと捉えていて、なくなってしまった冠婚葬祭を行う場所として、高台の住宅地から近いところ、この狭間の部分に建築を建ててあげて、浜床の舞台というもう一つの建築を浸水ラインに沿って建てることで、地域から開かれていくような、十三浜全体をつなぐ、東北全体をつなぐといった役割を持つように2つの建築を考えました。

北川 高台の居住地域と2つの建物の関係をつなぐ提案

があればよかったと思いました。

友光 神社と2つの建築、高台居住というものを全て畦道で一つの輪に結んでいるということがこの計画の主旨です。畦道も計画物の一つに含めています。

角野 面白い提案だと思いますが、神社はもともとこの地域の人たちにとって深い役割があったのか、もしあったとしたらその部分とこの提案をもう少し関係付けることが必要だったのではないでしょうか?

友光 もともとこの神社は古くから大室という地域の氏神の神社として機能していました。昔から続く風習で、神社から獅子舞が降りてきて、低地にある住宅を回って悪霊を祓うということをしていたのですが、低地に住めなくなって高台に移転したため、まちの形式というものを畦道でつなぐことを考えました。獅子舞が降りてくる際に、高台の住宅地まで距離があるためトラックで運ばれるという現状があるので、現代的な文明を介さずに道を歩くことを踏まえて計画しました。

角野 それは理解できますが、そのサイトを敷地に選んだことと、この神社はあまり関係がなくてもよかったのでしょうか?

友光 山手の斎庭についてですが、こちらは漁師さんが朝起きてすぐに海を見に行くためのものです。そのため、住宅からなるべく近くてかつ標高が最も高く、奥地ではあるけれど海が見える開けた部分に設定しています。浜床の舞台は、港で作業した漁獲物をすぐに持ってくることができないといけないので、高台で最も海辺に近いところであって、かつ、舞台をするうえで神社と山手の斎庭の海に向かう軸に対して対称に構えるような形ということでここに配置しました。

角野 なるほど、わかりました。

鳥山 この提案は、実際に堤防をつくる代わりに、子どもからお年寄りまで日常生活のなかで「ここがラインだ」と認識できるような空間をつくることで、心のなかに堤防をつくる、というものですね。この計画では、今後住まいはどういったところにできればよいと思い

ますか?

友光 高台に移る前は浜辺に大きな家を建てていて、30年に一度は津波が来るという現状があるなかで、高台で安全に暮らすことは必要なことでした。それが3.11によって早まったということだと思います。高台の住宅地の敷地は今後移動していくかもしれませんが、高台に住むことで海と隔絶されてはいけないということで、海とつながりを持つような建築を考えました。住宅地はそのままにして僕たちの計画で海とつなげてあげるという提案です。

中野 かなり現実的な答えを出していて素晴らしい提案だと思います。2つの施設を住民のために用意して、なおかつこの集落が堤防をつくらず、高台移転を受け入れてこのような形になっている。住宅地の在り方についてはいろいろ異論があるかと思いますが、提案自体は地元の方々が受け入れやすいものだと思います。あとは誰がつくるのかという点でもう少し突っ込んだ話があればよかったなという印象です。全体としては上手くまとまっていると思いました。

No.20 草原 直樹（横浜国立大学大学院1年）

「汎神論的設計態度でつくる暮らしの風景」

▶28ページ

江川 とてもよい提案だと思いますが、どういう仕組みでこれを実現しますか?

草原 このまちの一番の問題は人が離れていってしまったことだと考えています。高台をつくるときに大きく造成するのではなく、もともとの斜面の形をできるだけ活かして提案しています。土木と建築を同時に解くことで工期をなるべく短くして人を留まらせたい、そのためにみんなで復興の方法を練っていくという提案をしたいと考えました。

江川 そういうことではなくて、たとえば20人の建築家がいてそれぞれが家を設計していくようなプロセスな

のか、それとも公営住宅で実現しようとするのか、そういった実現のプロセスをどう考えていますか？

草原 住民一人ひとりと一人の建築家の話し合いでつくると想定しています。

小林（英） 確かに雄勝町は人が減っていったのですが、その理由は合併であり、自治体が雄勝には投資をしないと判断したためと理解しています。そうすると、なぜ今の段階でこの提案をしようと思ったのか、その動機が地域の人たちのビジョンやイメージにつながっていくと思います。地域の人たちにどう実現するのかを説明しないと社会的な意味が存在しなくなります。その辺りで考えていることはありますか？

草原 雄勝町の復興に関わってきた人たちに話を聞くと、「風景が宝だ」と言われました。確かに緊急性があって高台に住んでいるのですが、それがあまりにも漁業といった生業や、ここの自然のなかから生まれた文化と断絶している現状があると感じました。それに対して震災から9年経った今、もっとまちが明るくなるような提案をしたいという想いがあります。

柴田 斜面集落となると、土木では地すべりや豪雨の際の土砂災害といったものを考えます。その辺りに関して全く触れていなかったと思いますが、山側からの災害に対してどういった配慮があるのか教えてください。

草原 この辺りはリアス地形で、なみなみと尾根が差し込まれる形で入っていて、これは一つのこぶの部分に提案しています。この上には大きな平地があって墓地として使われていて、そこは少しバッファになるとは考えていますが、そういったリアリティの部分では少し弱いところはあります。

中野 学生らしい提案で素晴らしいと思いました。これは構造的にも安定するということを前提として、こういう提案をしてもいいのではないかと思います。ただ、一人の建築家が全ての建物を設計するという点が単調すぎるのではないでしょうか？ 全体はマスターアーキテクトがまとめるとしても、個々の建物はいろいろな建築家に参加してもらって、歴史的集落としての形態を表現してほしかった。それから、車を前提とした通路がありますが、この勾配からすると階段道もいくつか入れてもいいと思います。日常的には高台から歩くということもあり得ます。そういったことも含めて、もう少し密度の濃いものがあればよかったなという印象です。

角野 神社についてはどのように理解して、計画に対してどう関わるのか教えてください。それから、浜辺は神楽を舞うような場所としていますが、どういう考え方のもとで提案していますか？

草原 麓にある葉山神社は上の岩倉が里宮になっていて、この地域の氏神の神社になっています。基本的にこの辺りでは学校と神社の境がほぼなくなってきているのが現状で、神社が新しく学校を建てるといったことではなく、こういう場所が学校のような場所になっていって

もいいのではないかと思っています。この大切な神社と集落をつなぐように、防潮堤を建てずにマウントをつくって新しい集落とつなげることを考えました。マウントの上側はL1防潮堤レベルで、30年に一度の大きな津波だと流されてしまうかもしれないけれど、住宅は全てL2のラインの上にあります。下側は生業や神楽のための場所になっています。

No.1 伊波 航（横浜国立大学4年）
「バス亭のある家」　▶24ページ

江川 私は実際にある開発団地で、オンデマンドのコミュニティモビリティを走らせています。その際に、モビリティのなかでのふれあいも重要だけれど、待っている間などのコミュニティを増やすことも必要です。ニュータウンの住宅は箱でしかなくて、そういう場所が今まではありませんでした。この提案は家というよりも、まずは空いているスペースからということですが、とても可能性があると思います。しかし、バスと言ってしまうとルートが決まっている感じがするので、そこを少し変更すれば実現していくのではないでしょうか。

伊波 たとえばおばあちゃんが個人的にまちびらきをすることは可能だと思うのですが、それだと孤独や寂しさを感じました。そこでそれをバス路線でやることで、まちのどこで開いたとしても常につながっているということが、何か大きな力になるのではないかと考えました。小さいバスですが2階も乗れるようにして、擁壁の上から直接そのまま乗ることができ、バスのなかの空間まで全てがつながっていきます。バス路線そのものが公共空間になって、いろいろな色に染まっていくのがバス路線でやる価値だと考えています。

江川 でもそれだと同じルートにしかならないよね。もっといろいろな人が交わるような発想もあるのではないかと思います。

小林（正） 建てるときの費用は誰が負担しますか？

伊波 住民が負担することを考えています。おばあちゃんたちが車を運転できなくなったときに、車を売ってその代わりに建てるという考えです。バスを走らせるための費用は掛かるかもしれませんが、実際に建てるものについては住民が車を売って負担していけないかと考えています。

角野 「バス停の大きすぎない公共性」というキーワードがあるけれど、そこを一番上手く処理してほしいなと思いました。たとえば今の郊外住宅では、関西であれば200平米くらいの敷地に車を2台置ける庭がなければいけない。そのために塀や生垣がなくなってしまい、庭をつくったつもりが車のためのスペースでしかなくなってしまうという状況があります。今後こういった郊外に住む人が、車を置くために本当に犠牲を払わなければいけないのかということを考えると、この提案によって「大きすぎない公共性」をプライベートの部分に上手く持ち込むことで、新しいライフスタイルや空間提案ができるのではないかと思います。おばあちゃんが帰ってこないかもしれない子ども夫婦のために部屋を増築する代わりに、バス停をつくるというシナリオは非常に面白いです。しかし、江川先生がおっしゃったように、計画のなかで、ルート的なものとそうでないもののどちらでいくのか覚悟を決めなければいけません。モビリティそのものが庭や家に接続して、そこが一つの空間になるという発想は面白いと思います。

鳥山 郊外の住宅地では高齢化が進み、認知症や孤独死の問題が増えつつあります。昔は家に縁側があって、縁側に居るお年寄りに近所の人が声を掛け合い寂しさもなく、会話をすることで認知症の抑制にもなり、いろいろなよい効果がありました。でも今の住宅街は、縁側もなく、こうした塀を巡らせたまちができてしまっています。この提案は、昔ながらの縁側の代わりにバス停という縁側をつくるようなものだと理解しました。認知症に掛かる医療費や介護費が少なくなるのですから、こんなバス停づくりに対して、厚生省から補助金が出るといっ

た仕組みができればよいですね。もしこういうシステムが身近にできれば、自分で投資してでも参加したいです。

江川 私たちのプロジェクトでは環境省がお金を出していて、環境問題も解決していこうという二面性があります。運営については、地元の人たちが行う仕組みを提案することがミッションになっています。この提案もいろいろな要素が混ざっていればもっとよかった。運営面も参考にして考えてもらえるといいと思います。

※複数名で参加しているチームは代表者名のみ発言者として表記しています

最終審査討議（受賞者決定）

司会 プレゼンした10組のなかから、最優秀賞にふさわしいと思う1作品に2点票（◎）、次によかったと思う2作品に1点票（○）を投票していただきました。この投票結果を見ながら最優秀賞と各賞を決めていただきたいと思います。実行委員長の小林正美先生、お願いいたします。

小林(正) No.19朱さんには全員が票を入れており、15点という圧倒的な票数を獲得しているので、文句なく最優秀賞ということでよいのではないでしょうか？

審査員一同 はい。

小林(正) それでは、最優秀賞は朱さんに決定します。

最終審査投票結果

◎2点 ○1点	No.39 芝浦工 早乙女	No.31 東北 岩田	No.44 早稲田 和出	No.14 明治 荒川	No.19 東京理 朱	No.9 信州 宮西	No.26 早稲田 矢野	No.33 早稲田 友光	No.20 横浜国 草原	No.1 横浜国 伊波
得点	0	1	2	1	15	1	0	8	4	4
小林英嗣		○			○			◎		
小林正美					◎	○			○	
江川直樹					◎			○	○	
角野幸博					◎			○		○
北川啓介			○		◎					○
柴田久			○		○			◎		
鳥山亜紀					○			○		◎
中島直人				○	○				○	
中野恒明					◎			○	○	

おめでとうございます。続いて2番目に得票数が多かったのはNo.33友光さんチームです。こちらも8点と、他の作品よりも頭一つ抜けた得票数ですので、このまま優秀賞としたいと思います。3位はNo.20草原さんとNo.1伊波さんが4点で並んでいますので、決選投票を行います。

司会　審査員の皆様は9名ですので、どちらかが過半数の票を得ることになります。それでは開票いたします。伊波さんが5票、草原さんが4票と接戦となりました結果、伊波さんが優秀賞2作品目に決まりました。おめでとうございます。続きまして、審査員賞をそれぞれ発表していただきます。審査員賞は10選以外の作品から選んでいただいても構いません。

小林（正）　個人的な好みとしては、No.16高梨さんの「鳥のいる日常」やNo.44和出さんチームの「嗅い」といった作品が強烈な個性を持っていてよかったと思いますが、おそらく他のどなたかが賞に選ぶので別の作品にします（笑）。小林正美賞は自動運転車の提案をしてくれたNo.45梅原さんを選びます。自動運転車によってまちがどう変わるのかという、今、みんながワクワクして考えたいと思っているテーマに取り組んでいたので、賞を与えたいと思います。

中野　とても迷いましたが、10選に残らなかった作品からNo.29宮澤さんの作品を選びます。

中島　私はNo.14荒川さんの歌舞伎町の提案を選びます。ナイトワーカーに対してフィールドワークをきちんとしているという凄さがありました。そこからできた最終的な形については、いろいろ意見したいところはあるのですが、よくこれだけしっかり調査をして提案したなと感心しました。

角野　先ほど小林正美先生がおっしゃられた作品ですが（笑）、No.16高梨さんを選びたいと思います。

北川　私はNo.44和出さんチームを選びます。設計の詰めが少し大雑把になってしまったところがあるのですが、臭いに着目して場所の意味についてよく考えていた点が素晴らしいと思います。

江川　宮澤さんを選ぶ予定だったの

ですが中野先生に取られてしまいました（笑）。江川直樹賞にはNo.20草原さんを選びます。

鳥山　質疑応答では少し意地悪な質問をしてしまいましたが、No.31岩田さんの提案に大変魅力を感じました。おそらくあのエリアは彼が提案しないと、個性のないありきたりのまちとなってしまうのではないでしょうか。今日意見を言わせてもらった点を考えていただいたうえで、実現できると面白いと思います。

小林（英）　「妻籠舎」のNo.54糸岡さんを選びます。きちんとサーベイしていて、他のところの汎用性も考えられていて、大事な視点を捉えている作品だと思いました。

柴田　私は「あいまい空間」のNo.26矢野さんチームです。提案の中身はまだまだ詰めるところはあるし、あいまい空間という聞こえのいい言葉に何となく流されてしまっていて、もう少し具体的な提案がほしかったのですが、プレゼンテーションがとてもわかりやすくて、質問に対する返しなども含めてよかったと思います。TV会議システムを使ったコミュニケーションのなかでよく頑張ったのではないでしょうか。

司会　最優秀賞から審査員賞まで決まりました。最後に、総合資格の常務執行役員・安島才雄氏から、岸トラベル賞2作品の発表をお願いいたします。

安島　岸トラベル賞の1作品目はNo.9宮西さんです。学部3年生とは思えないような非常に内容の濃い提案をしていただき、大変感銘を受けました。そしてもう1作品は、北川先生と重複しますが、No.44和出さんチームを選びます。プレゼンテーションが素晴らしく、審査員の皆様からも高い評価をいただいていたのが印象的でした。おめでとうございます。

司会　受賞者の皆様、おめでとうございました。以上を持ちまして、最終審査および受賞者発表を終了いたします。

総合資格 常務執行役員 安島才雄氏

受賞作品発表直後の受賞者の声

最優秀賞

朱 泳燕（東京理科大学）

「日本に来て初めて住んだ場所に対する提案で、熱意を込めてつくった作品を評価していただけてとても嬉しいです」

優秀賞

友光 俊介／山下 耕生／松本 隼（早稲田大学）

「卒業制作でつくった作品ですが、このように評価していただけて大変光栄に思います。優秀賞をもらえて嬉しいです」

優秀賞

伊波 航（横浜国立大学）

「設計の一つのやり方として、自分のなかで新たな発見があったのはとても大きかったです。もう少し探究できる道があると実感できました」

受賞作品

賞	作品No.	作品名	チーム
最優秀賞	19	百人町のうらみち・まなびみち －留学生の生活から揺るがす住まいと都市－	朱 泳燕（東京理科大学）
優秀賞	33	開かれた地平と生きる －堤防の狭間から－	友光 俊介／山下 耕生／松本 隼（早稲田大学）
	1	バス亭のある家 －市民が彩る地域の輪－	伊波 航（横浜国立大学）
小林英嗣賞	54	妻籠舎 木造小学校校舎の意匠を活かした廃校舎の改修	糸岡 未来（信州大学）
小林正美賞	45	Mobilivity Mobility+Live+City	梅原 きよみ（神戸大学）
江川直樹賞	20	汎神論的設計態度でつくる暮らしの風景 地形に沿う集落、高台移転のオルタナティブとして	草原 直樹（横浜国立大学大学院）
角野幸博賞	16	鳥のいる日常 －人と鳥のための建築によるグリーンインフラの形成－	高梨 淳（東京理科大学大学院）
北川啓介賞	44	嗅い	和出 好華／稲坂 まりな／内田 鞠乃（早稲田大学）
柴田久賞	26	あいまい空間による、らしさの継承とまちの更新	矢野 有香子／澤田 郁実（早稲田大学大学院）
鳥山亜紀賞	31	都市部における生態系境界の建築的調停 杜の都仙台2050年計画	岩田 周也（東北大学大学院）
中島直人賞	14	29h－歌舞伎町 インバウンドの傘に宿るナイトワーカーの地平	荒川 恵資（明治大学）
中野恒明賞	29	みずがたり ～副ダムという身近な水辺を囲む集落を道路と橋で繋ぎ、 地域の自然環境と文化を継承する～	宮澤 夏生（長岡造形大学）
岸トラベル賞	9	小さなおとなの大きな輪 －地方高齢者街区における集団防災網の再編－	宮西 夏里武（信州大学）
	44	嗅い	和出 好華／稲坂 まりな／内田 鞠乃（早稲田大学）

都市・まちづくりコンクール 次回予告

次回「都市まち」の課題が決定！

都市・まちづくりにおいては、社会構造の変化や少子化、高齢化、大災害対策、さらには新型コロナウイルスのような感染症対策など、常に変革が求められます。また、地域の活性化や賑わいを創出するだけでなく、環境改善や歴史的意義、都市のサステナビリティなど、都市計画の研究領域は多岐にわたります。そのような背景のもと、「都市・まちづくりコンクール」ではあえて共通の課題を提示し、そこから各々の視点で問題意識を見出し、都市計画に取り組むことを求めます。

「2021 第8回 都市・まちづくりコンクール」は2021年3月開催予定！さまざまな視点から『響』をとらえた、多数の提案をお待ちしています！

次回、「2021 第8回 都市・まちづくりコンクール」の課題は…

この字には

(1) 音が長く鳴りわたる (2) 広い範囲にわたって音が伝わるといった意味が存在します。

本コンクールでは、課題としてこの「響」の意味を幅広く捉え、形態や配置、仕組みなどを包含する都市デザイン、建築、ランドスケープデザインの提案を募集します。計画の範囲と規模は自由ですが、建築物および周辺の環境計画を含めた提案を原則とします。

あなたの提案がどのような人たちに響くか、あるいはどのような空間や場所に、エリアに、まちに、もっと大きな何かに…響き渡る素晴らしい作品をお待ちしています。

「都市まち」の最新情報は「都市・まちづくりコンクール」公式ホームページおよび、公式ツイッターにてご確認ください。

公式ホームページ（http://www.toshi-machi.jp/）はこちらのQRコードから

公式ツイッターで最新情報配信中！

@toshimachi2021
#都市まち

作 品 紹 介

水と生き、成長する
～流域の自然環境で再編するつくばのセカンドステージ～

奈良女子大学大学院
人間文化研究科
住環境学専攻
根本研究室

立花 亮帆　Akiho Tachibana ［修士1年］
岡本 典子　Noriko Okamoto ［学部4年］
谷村 良美　Yoshimi Tanimura ［学部4年］
堀上 薫乃　Yukino Horiue ［学部4年］

前田 彩花　Ayaka Maeda ［学部4年］

◆水環境を復元する

開発以前の水系分布を頼りに開発区域内外の水をつなげるように、現在の花室川と小野川から枝流を広げていき、本来一体となっていたこの地域を分断するボーダーラインを曖昧にし内側から成熟した緑が滲み出すことで、外側の自然の緑と重なり合う。

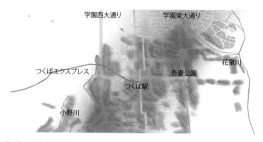

鉄の壁によって内外の自然環境が分断されていた	水系を復元し境界線の曖昧化により、内外の自然環境を繋げる	繋げた接点から豊かな緑が波紋状に広がり魅力的なものになる

◆拡張する生態系

豊かな自然環境を取り巻くように流域が波紋状に広がり、鉄の壁でふさがれていた開発区域内外の環境が繋がることでそれぞれの持つ自然のポテンシャルを互いに連携させることができる。豊かな生態系の構築は、人々の環境への意識を構築させる機運を高まらせる。

◆交流の核となるBIO-LOOP

人々が交流を深め、生活の基盤であるこの水系についての意識を高めるように促す活動がなされる場を創出し、自然環境をずっと未来へ持続させていくことを可能にする。豊かな生態系を舞台とした自然環境をとりまく体験の場となるこの場所を「BIO-LOOP」とする。

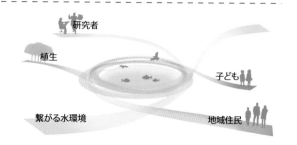

筑波研究学園都市は霞ヶ浦や牛久沼に流れ込む2本の河川（花室川・小野川）が自然の骨格をなし、かつてはそれぞれの枝流がこの地域を潤していた。しかし、この「流域」という発想に基づく広域的な視点は欠落したものであったため、高度成長期、研究学園都市の土地利用計画の建設に伴い設置された「鉄の壁」として表現される6車線の幹線道路により、川の枝流を分断し、生態系は開発区内外を分離させてしまった。そして、現代に至るまで、都市を貫く緑地計画上の要となっている公園や緑道、ペデストリアンデッキとも相まって、人工ながらも豊かな自然環境の成熟を見せているが、その環境は内側の環境だけを繁栄させるにすぎなかった。

今回、この分断されてしまっている生態系を取り戻すためには、開発区内外の環境を繋げることが必要だと考えた。生態系の繋がりを取り戻すことで、豊かな自然環境の広がりがある空間を創出できるのではないかと考える。そして、そこで創出された空間によって、生態系やコミュニティをそこに住む子供たちが直にふれ、未来へ継承していくサスティナブルなシステムへと変化する筑波研究学園都市を創り出すと想定している。

選定エリア：筑波研究学園都市

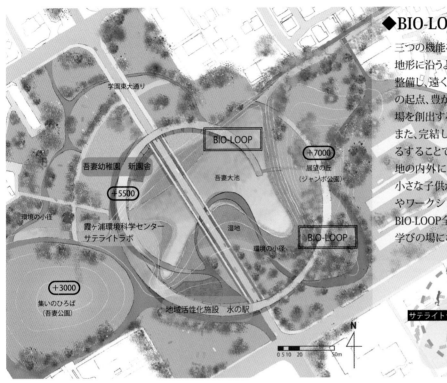

◆BIO-LOOPの空間構成

三つの機能を有した『BIO-LOOP』を地形に沿うように大きな円を描いて整備し、遠く霞ヶ浦まで繋がる河川の起点、豊かな生態系が体感できる場を創出する。

また、完結しない『輪』をイメージするすることで、アクティビティは計画地の内外に広がる。研究者や学生、小さな子供が一緒に環境体験学習やワークショップに取り組むことで、BIO-LOOP全体が地域の子供達の学びの場になる。

◆環境を身近に感じるしかけ

この空間をよりシンボリックに浮かび上がらせることで人々の意識がこの土地に恵をもたらす霞ヶ浦を中心とした流域へと高まっていくことが期待される。

また、東西に広がる水環境は、開発区域内外の様々な場所で水との関わりが生み出されていく。このような環境を身近に感じるしかけを基に、地域住民がもう一度流域への意識を高めることは、生態系やコミュニティを、未来を担う子供たちへ継承できる持続的なものに変えていくことに大きく繋がる。

▲丘の上から新しい水環境を一望できる

▲緑に囲まれたリング上の歩行空間

▲霞ヶ浦の植生を近くで感じられる環境の小経

▲吾妻公園に流れ込むせせらぎで遊ぶ子供たち

また巡りはじめる僕たちのまち

東京大学
工学部
建築学科
松田研究室

髙木 果穂 Kaho Takagi ［学部4年］

設計

× 廃線 - 動く やまリビング

敦賀と共に発展してきた北の線路を、一日で4往復する移動式公民館・やまリビングの動く道としてよみがえらせる。固定の建築を使用する特定の層と乗り込んだ人々が出会い、普段とは違う交流を生む。やまリビングの床面は、地面からレールを含めて660mmあるため、公園や住宅地の近くに停まっても住人が乗り込めるようにプラットフォームを点在させ、この沿線の新たな風景を生む。

× 観光 ➡ コンテナホステル

小樽や秋田と通じている北のフェリー発着場やクルーズ船でやってくる旅行客は、市の風景になっているコンテナに泊まる。港からやまリビングで運ばれる新鮮な魚をキッチンで料理し、広場で市民と食事したり、2階からやまリビングのテラスに移動して山並みを見ながら食事を楽しむ。旅行中に読み終えた本を共用棟の本棚に寄贈することでこの地を訪れた証を残す。ここには市民も本を提供する。

↓移動
　交流

× 小学校 ➡ 児童館

児童の少なくなった咸新、赤崎、北の三つの小学校が角鹿中学校に併合され、小中一貫の学校になる。そのそばに、紅葉や桜が美しく、史跡と一体となった自然と、鉄道の歴史を感じられる児童館を設ける。統廃合に伴い消える放課後児童クラブの2室と、朝の散歩を金ヶ崎から天筒山で行う住民も気軽に訪れられる休憩所を設ける。やまリビングが来た時には施設と一体となり子供たちが遊びまわる。

↓移動
　交流

× 結節点 ➡ チャレンジマルシェ

山を挟んで市が分かれているところの結節点にあたるこの場所には、子育てを終えやることを失くしている若者や仕事を探している人がチャレンジショップを始められるような相談室と簡易の貸店舗を作る。県外からの観光バスや自動車、敦賀駅からの観光客が集まる場所となる。駅前商店街までの道沿いに点在する空き地にも時期に応じてマルシェを計画し、市が面的に活性化することを目指す。

海と観光のエリア

観光地

漁港を一部移設し、新鮮な魚を届ける

天筒山城跡地

廃駅

気比神宮

教育と文化のエリア

角鹿中学校

敦賀駅前

つるが保育園

食と商いのエリア

敦賀駅

未来の人の流れ

朝はホステルから始まる。宿泊客は魚を買い、ホステルの共用棟で調理したものを、やまリビングの2階で山並みを眺めながら食べる。沿線を移動し始めると、移動手段を多くもたない高齢者たちが、家の近くまでやってきた移動図書館や生活相談室に訪れ、ついでに出会った人と囲碁などを楽しむ。昼までに住宅地に停まりつつマルシェまで向かい、出店に挑戦している市民の店にお客さんが運ばれてくる。今度はマルシェで作られた惣菜を載せ一住復する。放課後の時間には、やまリビングは児童館に停まり、乗り合わせた高齢者や観光客と、児童館にいる子供たちの間で交流が生まれる。夕方にかけて子供たちは踊って家に帰る。惣菜を買ったり本を借りたりする人のために沿線を一往復し、一日の終わりにはマルシェに停留する。ここにはスクリーンが貼られ野外映画館になる。駅だけでなく沿線の各所で止まるため、訪れる人々の東西の動きが生まれ、駅前商店街の南北の一本道と線路が繋がり桁のような回遊性が生まれる。沿線に新しい人の動きが生まれ、市街地と海、山を含んだ地域が面的に活性化する。

Flow

高齢者　20代‐50代の市民
観光客　子供

朝6時

正午

午後3時

午後7時

午後9時

上図：ホステル
左図：相談室
下図：順に
やまリビング、
チャレンジマルシェ

昨年4月に正式に廃線となった敦賀港線は、明治期に開業したのち、ヨーロッパへの入り口として人と貨物を繋ぎ敦賀の発展を支えてきた重要な文化資源です。市とJR貨物との間で交渉が決裂し、放置されている状況にありますが、歴史を伝えるこの廃線を再活用すべきだと考えました。敦賀市は、観光地として、北陸新幹線開通を前に観光資源が点在していることと、それらを結ぶルートがないなどの課題を抱え、市民にとっても新規コミュニティを形成しづらいといった状況にあります。この計画は、そのような市の廃線上を走る5台の移動式リビングと、コンテナホステル、児童館、チャレンジマルシェの3つの駅によって町に回遊性を生み出すというものです。駅を利用する観光客、児童、若年層と、ふらりと列車に立ち寄る高齢者など、普段ではなかなか交わらない層に交流を持たせます。また駅前商店街の道とも繋がり、市を面的に活性化させます。

選定エリア：福井県敦賀市

| 相談室 | やまリビング2号 | やまリビング3号 | 移動図書館 | やまリビング1号 |

役所の相談員のいる列車。順番待ちの間はやまリビングで近所の人と出会う。

壁のない2号では、朝は魚が売られ、昼以降はマルシェで作られた総菜などが売られる。

スキップフロアのある3号では、住人たちが囲碁をしたりお茶したり、時にはマルシェが展開されたりする。

市民の読み終わった本や旅行のお供にしていた本がここに寄贈される。普段家に閉じこもっている人を外に出させるきっかけとなる。

3階まである この列車では、市民が畳でくつろいだり2階で紅茶を飲みながら山並みを見たり、子供が3階のデッキでゲームをしたりする。

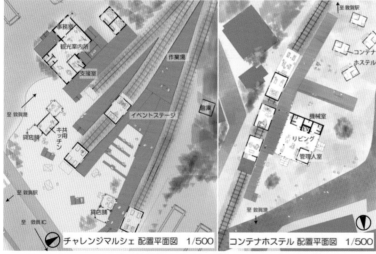

チャレンジマルシェ 配置平面図　1/500

コンテナホステル 配置平面図　1/500

やまリビングのモチーフは敦賀の祭りで使われる山車（やま）と、江戸時代から明治時代にかけて日本海で活躍した北前船である。ゆかりのあるモチーフ基にした山車型の列車が市を横断することで日常に祝祭をもたらす。

児童館 配置平面図　1/500

児童館のキッチンと、魚を運んできたやまリビングとの間に生まれたスペースが食事や賑わいの場所となる。

仮り暮らしの足跡
社会的入院者の地域活動拠点

広島大学
工学部第四類
建築学課程
角倉・石垣研究室

山本 陸　Riku Yamamoto［学部4年］

自分の「居場所」を見失う要因で溢れている現代社会において
地域から隔離され、家族にも見放され、
閉鎖的な精神科病院で人生の大半を過ごす「社会的入院者」
経済発展の波にのまれ、急激な人口減少が進み、
コミュニティの衰退・空き家の増加など様々な課題を抱えた「瀬戸内島嶼部集落」

その両者に相互扶助の関係を持たせることで
「社会的入院者の地域移行」　×　「島嶼部集落の再生」
をめざす。

01　背景

日本の精神医療環境は長年、隔離の場として位置付けられ、精神疾患者の地域移行は、他の先進諸国と比べて非常に遅れている。近年では日本でもようやく患者の脱施設化・地域社会の受け入れが促進されつつあるが、未だに患者に対する差別や偏見も強く、入院治療の必要性が低いにも関わらず、入院が長期化している「社会的入院者」も多く、スムーズな社会復帰が実現できていない。

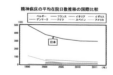

精神病床の平均在院日数推移の国際比較

自宅監禁

閉鎖的な精神科病院

地域移行へ

02　敷地　　広島県大崎下島久比集落

久比集落は柑橘農業が盛んで、今でも多くの住民が柑橘栽培をしているが、集落内の高齢化率は約70%にもなり生産量は徐々に減少しつつある。

03　プログラム

瀬戸内の集落にある、柑橘の収穫時期に親戚や近所から助けをもらい、労働の対価として食事やお酒を振る舞う「合力」という相互扶助の文化を継承する。社会的入院者が一時的にこの集落で暮らすことを仮り暮らしとし、様々な仮り暮らしを通じて相互扶助の関係をつくる。

「合力」の仕組み

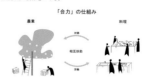

住民と社会的入院者の相互扶助の関係

04　提案

・空間コンセプト
患者にとって必要なのは、自身と他人との距離の閾を自ら探り、更新していく機会である。そこで、単なる開かれた、明確な機能をもった記号的空間ではなく、曖昧な空間の挿入により、他人との共同性の閾の更新をめざす。

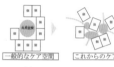
一般的なケア空間　これからのケア空間

・デザインコード
集落における、自身と他人との閾（境界）となり、コミュニティの場ともなっていた場所は、「道」である。実際、集落には、道沿いのところどころに共同の井戸が配されており、かつてはそこが住民のたまり場となり、井戸端会議が行われていたことが想像できる。

・空間ダイヤグラム
その「みち」を設計のテーマとして、患者にとっての閾をつくりつつ、住民を施設内に呼び込む効果ももつ「みち」がつくる空間をデザインする

空き家を活用した空間構成ダイヤグラム

日本の精神医療環境は長年、隔離の場として位置付けられ、精神疾患者の地域移行は、他の先進諸国と比べて非常に遅れている。近年では日本でもようやく患者の脱施設化・地域社会の受け入れが促進されつつあるが、未だに患者に対する差別や偏見も強く、入院治療の必要性が低いにも関わらず、入院が長期化している「社会的入院者」も多く、スムーズな社会復帰が実現できていない。本提案は、そんな精神科病院にしか居場所のない社会的入院者が地域住民との地域活動・日常生活を通じて地域移行をめざし、その活動を通して集落の維持・再生をめざすための拠点の計画である。この計画において、集落の相互扶助の文化・みち・資源に着目し、社会的入院者が一時的にこの集落で「仮り暮らし」するうえで地域になじむプログラム・建築を提案する。集落と都市の異なるスケールを持った課題に対して相互扶助の関係性構築と建築的操作により限界集落と社会的入院者の存在意義と居場所を見出す。

選定エリア：広島県大崎下島久比集落

5 設計

共同性の閾

屋根組を表に・日光を取り込む

Landscape ⇔ Structure

自然を取り込む

集落内の循環

生きてゆきたいんだよな
都市の中で死を再考する

関西学院大学
総合政策学部
都市政策学科
八木研究室

藤井 洸輔　Kosuke Fujii ［学部3年］

都市の中で死は日常から見えないように隠されている。しかし本来「死」は誰しもに訪れる日常であるはずである。観光というものに覆いつくされ、浮ついた人工地盤の中に、小学校、結婚式場、火葬場の三つのプログラムが交錯しながら、そこにいる人に長い年月をかけて、「死」が日常の中に受け入れられていくための土台となってゆくように計画を行った。

また建築自身に「成長していること」「生きていること」「分解していること」を同時に存在させることによって、その建築の一瞬の中にその空間は、そこにいる人に対して、無意識的に何かを伝えてくれる場となってゆく。

偽りの上に立つものとして

1945年

メリケンパークは、1945年には存在しなかった。日本でいちはやく開港した港として経済力、その場所のくうきを持っていた。戦後も、アジア有数の港としてその機能を担保していた。そういった、場所としての力を持っていた。

1985年

1980年代になれば、香港やシンガポールなどの港にその経済力を奪われ始めた。中央突堤と、メリケン波止場の間が埋められて、メリケンパークが生まれた。徐々に港としての機能が失われていく中で、観光へと都市の主体を変えるようになっていった。

2008年

観光地として、神戸を代表する場として存在の仕方が変化するようになっていった。
震災によって、インフラの脆弱性が、露呈したことを、現代でも残している。特にメリケンパークは、まったく観光地としてのくうきしか存在しない。

Diagram

人工地盤という巨大インフラのこれからを考える

インフラ構造物を分解することによって空間を作る

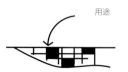

分解したインフラに用途を含ませることによって、日常と寄り添う場となる

都市の中で「死」はどこまでも隠され非日常の代表として存在し、NIMBYとして忌み嫌われている。しかし人にとって「死」は、平等に訪れるものである。私たちはそのことから目をそむけず向き合っていかなくてはいけない。そんな日常の土台となってゆく建築を計画する。神戸メリケンパークという場所は、人工地盤という場所性が脆弱なもののうえに神戸の顔の観光地として存在している。そんな不安定なものの中に、都市の中で隠されてしまった「死」というものを再考する場を創出する必要があると考えた。

小学校、結婚式場、火葬場という三つの用途をコンプレックスさせる中で、それぞれの人が、どこか無意識的に「死」を認識していくことができるようにコンプレックスさせた。いくつもの状態を同時に持つことができるこの建築は、本当に私たちに必要なものを伝えてくれる。
この一見暴力的な建築は、見たくないものを隠し、きれいなものだけを見て育った者への警告である。隠し続けるのではなく記憶の根底に「死」を理解し、受け入れていくことができるようになるための土台としてこの建築は、あり続ける。

選定エリア：神戸メリケンパーク

変容する建築

　一つの建築が、いくつもの在り方を持つ中で根底に「死」を体感することができるように計画を行った。
　幼少期に知識を学ぶ傍ら無意識のうちにその存在を認め、そして大人になったときに過去を思い出すと同時に「幸せ」は「悲しみ」と共存していることを認識し、そして、「死」が訪れた時にその人の過去を内包しながらその時を迎える。
　いくつもの感情がいりまじり、建築としての在り方がいくつもの状態で同時に存在することができる。いいところだけをつかみ取って偽り何かを欠如した都市において、人間のようにいくつもの状態を持つことができる建築を作ったときに、その建築は人々と同化し、言葉や意図的なものを持たずとも、本来人間に必要なものを私たちに再び伝えてくれる。

散骨によって海に還る

人生軸	感情	場のあり方	建築のあり方
幼少期	学ぶ	人生を知ってゆくための場	機械、道具としての建築
成熟期	幸せ	幸せを分かち合う場	背景としての建築
衰退期	悲しみ	悲しみを共有する場	記憶としての建築

建築がお墓になる

たゆたう空間

　資本主義社会の中で建築は合理化された均質空間にあふれている。建築は海や森のように多様で、言葉に表せないようなものであるべきである。
　この建築では、建築と自然の中間としてあるものとなるように、柱梁、壁による緩やかに外部とつながる、空間構成とした。

柱梁による空間構成

未完成の建築

　建築は完成されたときに、完結され矛盾を持たない。例えば図書館には、図書館の機能を担保するための小さな部分が集まって「図書館」という用途が決められている。この建築では、その一つ一つのエレメントを不足させることによって、「余裕のある図書館」であったり、外的要因の入り込む「余裕の持つ空間」によって全体を構成している。
　ライフスタイルの変化、社会の変化があろうとも、その建築はその未完成の部分によって補完される。そして、未完成さは、新たな建築の用途の在り方として提案される。

GL-2500　PLAN

　人の感情がそのすべてが一体であるからこそ人間が人間であるように、建築や都市も、きれいなところ、影、醜いものを隠してしまうのではなくそれを、いかに同時に存在させるようにするか建築も考えなくてはいけない。
　この建築では、いくつもの時間を一つの建築内に同時に存在させること、自然と人工物の中間としての存在、余裕を持たせた、空間としての建築の在り方が、コンプレックスされたときにいつしか「死」は民主化され、それは同時にうわべだけの均質な街に対して、いつまでも強くこの場所で存在を保つことができる建築となることができる。

街のつなぎ目
これからの都市の在り方を考える

- 九州大学
- 工学部
- 建築学科
- 黒瀬研究室

重永 鑑　Kagami Shigenaga ［学部4年］

傾斜したスラブに座って思い思いの活動をする

1. 対象敷地 − 福岡県福岡市博多区下川端町3−1

　対象敷地は福岡市営地下鉄空港線の中洲川端駅に直結し、西側には博多川が流れる。北側には福岡祇園山笠の追い山の終着点である須崎問屋街や今後大型開発が行われるウォーターフロント、南側には川端通商店街や大型商業施設のキャ

ナルシティ博多があるものの南北は自動車交通量の多い明治通り・昭和通りに挟まれ、歩行体験は分断されている。また、現状の施設は視線的つながりも失わせている。

福岡市営地下鉄七隈線 中間駅

2. コンセプト

　地下鉄駅と街をゆるやかにつなぐことで街のゲートとして、また、街の拠点として街へ来た人の街への期待感を高めたり、地下空間を利用して立体的に街の回遊性を高める建築とする。

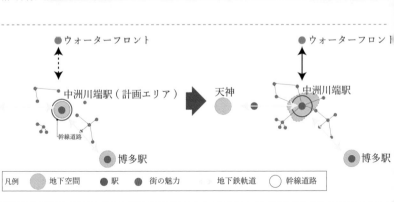

凡例　地下空間　●駅　街の魅力　地下鉄軌道　○幹線道路

敷地は福岡市博多区の福岡市営地下鉄中洲川端駅直上を選定した。中洲川端駅は現在大規模な開発が進んでいる天神・博多・ウォーターフロント地区のちょうど中央に位置し、福岡市営地下鉄空港線/箱崎線の唯一の乗換駅でもあり街のハブとしての可能性を持っている。街を歩くと小綺麗なビル群やコンクリートが敷き詰められた街路が目に入る。そこには人が滞留するような余地はほとんどなく、人は常に移動し続けなければいけない。都市部では現在容積率を高くすることで多くのテナントを入れ収益につなげている。しかし、ITの進歩によりテレワーク化やオンラインショッピング化が進むことで都市部には余剰の空間が発生することが予想される。そしてその余った空間が街の人のための場所となることで人々の街での過ごし方が変わるだろう。高い容積率が必要ではなくなった都市における建築を提案する。

選定エリア：福岡県福岡市博多区下川端町3－1

地下2階から地上へと続くスロープ

街の活動を敷地内に取り込む

地下2階から地上の街を認識できる

博多川沿いは街の水辺空間となる

3. 傾斜したスラブ

　傾斜したスラブは地上階から地下2階まで続き、そこは移動動線であると同時に街なかの活動の場として機能する。

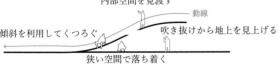

内部空間を見渡す
動線
傾斜を利用してくつろぐ
吹き抜けから地上を見上げる
狭い空間で落ち着く

4. 2種類の吹き抜け

　吹き抜けの位置によって空間を重層的につなぎ、地下にいながらも地上に対する方向感覚をもてるようにする。

①地下に光を届ける　　②地下から地上の街を見上げる

5. 図面

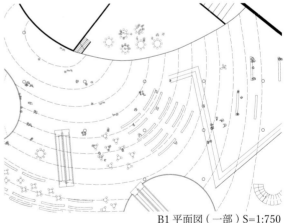

B1 平面図（一部）S＝1:750

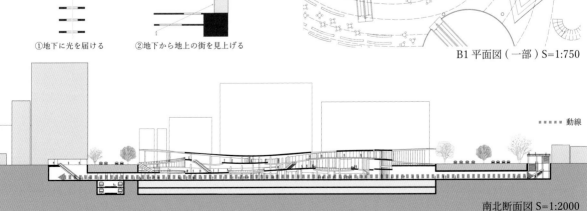

・・・・・動線

南北断面図 S＝1:2000

解体撤去される日本橋首都高の建築的利用

日本大学
理工学部
建築学科
佐藤研究室

若林 昇　Noboru Wakabayashi［学部4年］

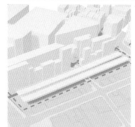

diagram. 1　解体撤去する首都高の利用

地下化される首都高ルート再開発を踏まえ利用範囲を決定する

diagram. 1　解体撤去する首都高の利用

再開発を踏まえ方路線のみを利用する

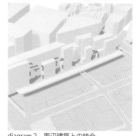

diagram.2　周辺建築との統合

周辺建築のプログラム等から解体するエリアを決定する

diagram.2　周辺建築との統合

建築を首都高の高架下まで拡張し統合する

首都高速道路は、約50年前に先のオリンピックに間に合わせるために、材料や構法の研究が行われるなど、当時の技術が集約し建設されたものである。大都市東京の中を、高層ビルの間を縫うようにながれる首都高速道路は日本の東京でしか見られないものであり日本が最も活気づいていた頃の象徴ともいえる。
日本橋の首都高速道路は昨年、地下化が決まり解体撤去されることとなった。日本の道路の始まりである日本橋に、日本の土木構築物、土木インフラの歴史として首都高速道路は残しておくべきであると考える。

日本橋の首都高速道路の地下化に伴い日本橋川周辺は再開発される。計画では、日本橋川周辺の建物から容積移転を行い日本橋川周辺が低層化される。その中で選定エリアは日本橋川沿いに面していながら、地下化ルートではないことなどから再開発は行われず、現在の計画のままではコンクリートの護岸がむき出しとなる。首都高速道路を残し建築化し利用することで、コンクリートの護岸がむき出しの状態になることを防ぐ。土木構築物と建築の統合、首都高のインフラ的特性を活かし建築化することで、建築間、人をつなぐ、新たな都市の形を提案する。

選定エリア：東京都中央区日本橋

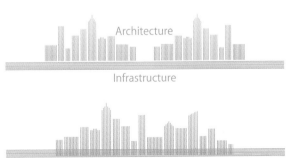

土木と建築の境目はどこか
　土木構築物はインフラ　建築は内部空間

細分化したカテゴリーの中で、境界を明確にする
　明確でない二つの分野も、カテゴリーごとに見れば、2つの境界線はどこかに引かれる。壁で建築内外で線が引かれ、床の材質でも建築か否かを線引きすることができる。そのほかにもスケールの違い、モードの違いなどによる境界を明らかにしてゆく。

土木と建築の境界のグラデーションを作る
　壁や床、材質、スケールなど異なるカテゴリーで線引きされた境界を把握し、その境界をずらし配置することで、一つ一つの境界を目立たなくする。それは結果としてシームレスにつながる。首都高のインフラの動線的要素を残しつつ建築化することができる。

3F　解像度を上げ、モードを車から人へ建築へ

首都高を梁の形に沿って植林し、高速道路を緑道へと変化させる
車から人へモードの変化が都市における土木構築物の異物感をなくす

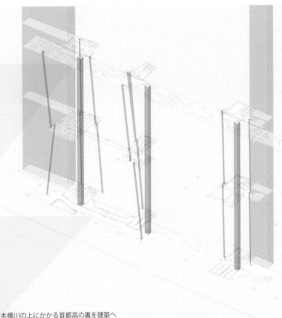

1F　日本橋川の上にかかる首都高の裏を建築へ

土木構築物のヒューマンスケールを逸脱した構造の梁を1層にはボイド空間として還元する
また、テクスチャの切り替わりストリートファニチャーの内外を横断する配置計画が建築をシームレスにつなぐ

diagram.2-2　周辺建築との統合

　解体しない周辺建築のプログラムから統合する建築を決める

diagram.2-2　周辺建築との統合

　周辺建築とコアで接続し縦には建築が横には土木がつなげる

diagram.3　モードの積層

　1層に首都高と同じように新たに動線的役割を持たせる層を挿入する

diagram.4　解像度を上げる

　梁に沿ってボイドや植栽をし、解像度を上げ、車から人へモードを変化させる

今を生きたい、子供達の叫び。
歴史を巡る体験を用いた地域活性化の提案

芝浦工業大学大学院
理工学研究科
建設工学専攻
建築・デザイン研究室（谷口研究室）

藤川 瑞生 Mizuki Fujikawa [修士1年]

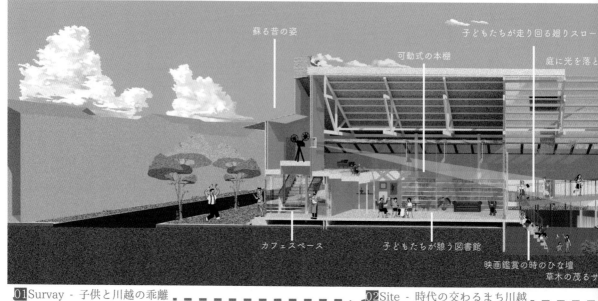

蘇る昔の姿　　　子どもたちが走り回る廻りスロー

可動式の本棚　　庭に光を落と

カフェスペース　　子どもたちが憩う図書館

映画鑑賞の時のひな壇
草木の茂るサ

01 Survay - 子供と川越の乖離

1-1 過観光地化による弊害
川越は寺社仏閣を主要とする観光都市として今現在栄えている。しかしその反面、子供たちの
居場所が失われていた。それは川越が内包している問題の中でも表面的なものでなく川越とい
う街の本質によるものであった。

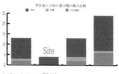

Site

1-2 4つの学区
川越駅周辺には4つの学区がある。1番街、
川越駅を含む4学区に絞り子供たちの居場所
『寺社』『公園』『文化施設』をプロットし比較
したところ川越駅にもっとも近い学区には子
供の居場所が圧倒的に少ないことがわかった。

境内

子供達

観光客

02 Site - 時代の交わるまち川越

2-1 旧鶴川座
川越という街は、他の街に比べて時代の遺構が色濃く残っている。『大正浪漫通り』『昭和の街』
つかあるくらいに、川越の特徴と言えるであろう。川越の中でも、旧鶴川座は『大正浪漫通り
蓮馨寺と行った寺社に囲まれており、『旧鶴川座』自体も明治後期に作られ、大正、昭和と栄
この敷地は川越の集積地と言えるだろう。

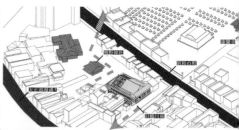

明治　　　　　　　　　　　　　　　　大正

内に開く蔵造りの庭
- 奈落を利用したサンクンガーデンと屋内公園 -

子供道を通りサンクンガーデンに入ると内部公園が広がる

仮面の内側の顔
- 大正文化のちぐはぐきを表した新旧混合のファ

露わになった蔵造りのファサードに大開口、新旧混合の文化

川越という街はある意味、異様である。何故ならば子供と街が乖離してしまっているからである。
子供達が住み良い街にならなくては次世代の担い手は育たない。この課題を解決することは川越にとって必要条件であると私は感じた。そこで川越駅周辺の小学区の遊び場を調査し、敷地となるエリアを選定した。
子供にとっては神社やお寺というのは、ある意味公園的でなおかつ安全性の高い大切な遊び場であると私は考える。
しかしながら川越においては、急速な観光地化とその観光財が蔵造りの

町並みや、寺社仏閣であるがために子供達の遊び場が枯渇している。
本設計では境内を動線上に設けることで関わりを持つよう計画した。
また、川越の時代を散りばめて計画された本建築が、子供達の居場所を作り出し、かつ、子供達が川越のことを好きになるきっかけとなることを祈り設計した。

選定エリア：埼玉県川越市

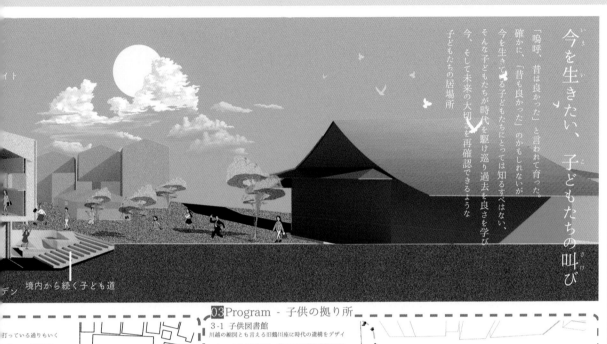

今を生きたい、子どもたちの叫び

「嗚呼、昔は良かった」と言われて育った。
確かに、「昔も良かった」のかもしれないが、今を生きる子どもたちにとっては知るすべはない、そんな子どもたちが時代を駆け巡り過去を良さを学び今、そして未来の大切さを再確認できるような子どもたちの居場所

境内から続く子ども道

03 Program - 子供の拠り所

3-1 子供図書館

川越の縮図とも言える旧鶴川座に時代の遺構をデザインソースとして取り込み、境内から連続する形で子どもたちの拠り所を計画する。自然と川越の歴史を肌で感じ学ぶことのできる子供図書館となることを祈る。

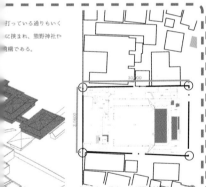

Existing figure, 1F plan scale 1/200

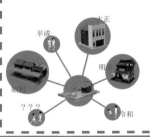

平成

大正

明治

昭和

令和

？？？

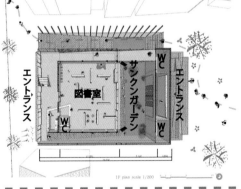

エントランス

サンクンガーデン

図書室

エントランス

WC

WC

WC

1F plan scale 1/200

昭和

平成・令和

望む子ども道
— コールテン鋼のフレームを利用したアーケード —

境内から前面道路に伸びる子供道はコールテン鋼のフレームにポリカ板で構成し空を望む

時代をかける子ども達
— 建築全体を取り巻くスロープ —

建築全体を取り巻く様に結ばれたスロープ、体験として時代をかける子供達

谷中アンソロジー
－まちの風景を吸収する内皮的な建築－

東京理科大学
理工学部
建築学科
山名研究室

冨坂 有哉　Yuya Tomisaka ［学部4年］

─────風景を吸収する「しろ」となる路地

路地の様々な風景は、それ自体が谷中の風景の一つであり、また風景を取り込むための余白、「しろ」となる。生活の滲出の集積、歴史の積み重ねによるヒューマンスケールの空間が人によってつくられる。そこに偶発的に発生する迷路的効果、視線の抜け、太陽光の透過具合が、たまり空間をつくる。

都市計画道路の計画・廃止とそれに伴う台東区のまちづくり施策によって、全体で「あんこ」であった谷中のまちを分断するように「皮」が作られようとしている。ここは昭和12年に整備された、補助92号線の一部区間である。赤羽と上野を結ぶ軍用道として計画された補助92号線は、後にもモータリゼーションの一環として進められた。元は谷中茶屋街として江戸から繋がれてきた街並みがあったものの、行政による整備によって道が通され、「皮」のようにビルやマンションが建ち並ぶようになった。行政による整備が進められようとしている今、その敷地では「あんこ」として都市を、また人同士を繋ぎ留める建築が必要とされている。

そこに谷中の「あんこ」を構成する主要素である路地を引き込んだ建築を設計する。この建築は街の風景を吸収し、様々なアクティビティを誘発する。様々な風景の共有、アクティビティの共有によって、地域の多様な人によるコミュニティを「あんこ」的に繋ぐ方法を示す建築となる。

選定エリア：東京都台東区 谷中・上野桜木

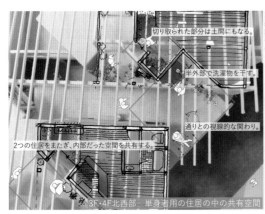

切り取られた部分は土間にもなる。

半外部で洗濯物を干す。

通りとの視線的な関わり。

2つの住居をまたぎ、内部だった空間を共有する。

3F・4F北西部　単身者用の住居の中の共有空間

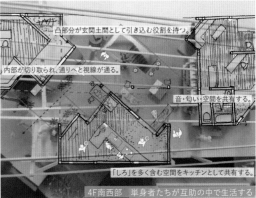

凸部分が玄関土間として引き込む役割を持つ。

内部が切り取られ、通りへと視線が通る。

音・匂い・空間を共有する。

「しろ」を多く含む空間をキッチンとして共有する。

4F南西部　単身者たちが互助の中で生活する

───「しろ」の路地は、人がかかわって生きる場所

構造の交差によってつくられた余白の空間は建築の中で「しろ」となり、人の生きる風景を吸収する。内部から吸収した人の生活の風景は共有するアクティビティとなり、谷中のまちから吸収する風景は空間性の、またアクティビティのまちとの連続性を生む。あらわれる風景の集積は建築内に一つのコミュニティを生み、谷中の風景としてまちへと還元されてゆく。

─────「皮」の場所に建つ、ヒューマンスケールな「あんこ」の建築

「しろ」の空間にあらわれた人の生活の風景は、真ん中に通る拡幅道路に対しても滲出する。
連続で不連続な屋根は路地の風景にみる混沌とした統一と同じように思う。屋根の下の滲出した人の生活の風景は、拡幅道路に対しても路地のようにヒューマンスケールな体験をつくってゆく。

等々力渓谷における高低差建築を考える

芝浦工業大学
デザイン工学部
デザイン工学科
前田研究室

井西 祐樹 Yuki Inishi ［学部4年］

研究の背景と目的

本研究では国分寺崖線（別名：ハケ）を研究対象に選定した。かつては、ハケの湧水や森を有効活用したり、横穴式古墳を作ったりと人々の生活の中心にはハケがあった。今回の提案ではかつてのように、人々の生活の中にハケがあり、人とハケの共存を目指す。

平面計画（4F）

観光客にも市民にも有効に利用されることを目指す。観光客が使えるカフェや休憩所、案内所などの用途を取り入れた。

また市民に対しては、子供から大人までこれる街の集会所のような役割になることを目指す。周辺の小学校なども使える体験教室や図書館などの機能は、木々に囲まれた自然と調和した空間に。

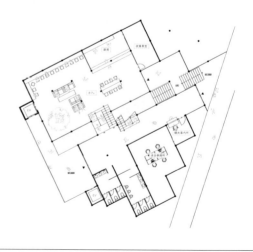

他の大都市と比べ、起伏の激しい東京都。地形とインフラの衝突は避けられない問題であるだろう。高低差のある地形にインフラができるとその下には陰になってしまう空間や、機能的に失われる空間が生まれてしまう。

本研究では国分寺崖線（別名：ハケ）に着目した。かつては、ハケの湧水や森の木薪にしたり、横穴式古墳を作ったりと人々の生活の中心にはハケがあった。人々はハケと共存し、ハケには今のそれより賑わいがあったに違いない。

特に今回は等々力渓谷を取り上げ、観光客だけでなく地域住民も生活の中で利用できる計画を提案する。

環状八号線と等々力渓谷が衝突する交差する地点を計画対象敷地とする。

環状八号線の強い動線から渓谷への新たな動線を設け、建築を用いて人々の動きを促し、渓谷に賑わいをもたらす計画とする。

選定エリア：東京都世田谷区等々力

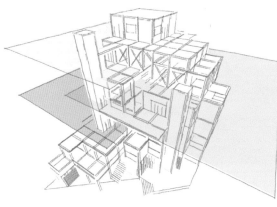

雁行

　3×3×3.6 のボリュームを積み平面的・立面的に雁行させている。これはここに訪れた人に圧迫感を与えないためであるのとともに、雁行しているレベルは周辺の木々の高さを考慮している。渓谷に建てる上で、周囲の環境と景観に配慮が必要となる。渓谷にある木々は 18m 程度である。対して、今回のモジュールは階高を 3.6m に定めた。断面的に見ると雁行したフロアレベルが周囲の木々のレベルに対応している。

スキップフロア

　大階段を中央に渓谷側と環八側でスキップフロアを用い、フロアレベルをずらす。環八のレベルにフロアを設け、均一のフロアレベルで全体を設計すると、"環八に付属した建築"になりかねない。これでは環八と渓谷を強引に結び付けている印象を受ける。スキップフロアを設けることで、自然な流れで環八から渓谷へと動線・空間をつなげることが可能になる。

模型写真

路地を纏う
神楽坂の路地空間を参照した複合型集合住宅の提案

工学院大学
建築学部
建築デザイン学科
冨永研究室

手塚 俊貴 Toshiki Tezuka［学部4年］

新旧混在地・神楽坂

敷地は、まちづくりのエリアかつ住商混在地であり、新旧の混在が強い場所である。敷地は、観光地・商業地域・居住地域が混じり合ったエリアに位置し、新旧の要素の混じり合いが最も強いエリアであると言える。ここには、オフィス街や住宅街から学生やサラリーマン・主婦など様々な人々が入り混じる。また、ガワとアンの構造を持つ場所の狭間に敷地を選定する事により、より両者のコントラストが強い場所を選定する。また、路地に挟まれた場所を選定する事で、敷地に路地を引き込み、路地を介して建築と街を接続する。

今までの神楽坂
都市開発抑制／地区計画
花街建築／保全活動

自分の提案
路地
『神楽坂らしさ』

地下鉄
牛込神楽坂駅

神楽坂通り
本多横丁

兵庫横丁

かくれんぼ横丁

site

粋な街並みループ通り抜け

JR飯田橋駅

路地・・・ ━━ 花街の趣のある路地・・・ ┈┈

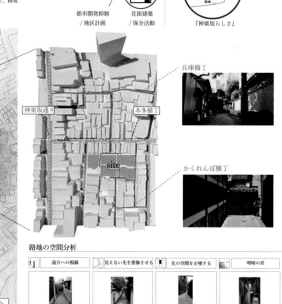

路地の空間分析

遠方への視線	見えない先を想像させる	先の空間を示唆する	明暗の差

まちづくり拠点としての集合住宅

神楽坂の保全活動は、住民主体で行われる。しかし、近年の高層マンションに住む住人たちは街に関心の無い人々ばかりである。こうした街には、街に魅力を感じ、街に積極的に関わっていく担い手が住むシステムが必要である。保全の為に開発をする手法を提案する。

SOHO型集合住宅のターゲットはフリーランスとし、より主体的に街の中で活動してくれる人々を集める。また、神楽坂に所縁のある商業の入る1階は、住人の作業場や社会実験の場となり、ここを中心として活動が街に広がっていく。また、オフィス街からの副業ワーカーを想定したコワーキング・ゲストハウスを設け、より多くの人々が街に関わるきっかけを生む。

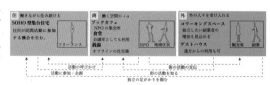

神楽坂には、花街に由来する路地や花街建築等の江戸時代から続く伝統的要素と、都市開発によって生まれた高層マンション等の現代的要素が存在し、これらは均衡状態にある。神楽坂の保全活動は、住民主体で行われる。しかし、近年の高層マンションに住む住人たちは街に関心の無い人々ばかりである。こうした街には、街に魅力を感じ、街に積極的に関わっていく担い手が住むシステムが必要である。保全の為に開発をする手法を提案し、まちづくりの輪を作る。神楽坂は、都心ならではの密集した建築群が存在し、これらは「ガワ」と「アンコ」の都市構造によって立ち並んでいる。この狭間に集合住宅を計画する事で、新旧の要素をシームレスに繋ぐ居住環境を生み、住人の街への認識を変えていきたい。本計画は、これら2つの要素の混在を「神楽坂らしさ」と捉え、混在した風景を神楽坂の特徴である路地空間によって紡いでいくものである。これらを、都市において均質になりがちな居住環境に延長する。

選定エリア：東京都新宿区神楽坂

「神楽坂らしい」居住環境

神楽坂は、都心で頻発している「居住環境の均質化」が進行している。神楽坂独特の、散策する度に新たな発見がありながらも、どこか落ち着きのある「奥ゆかしさ」を生んでいる要素が「路地」である。この「奥ゆかしさ」を住人1人1人が定義し、継承していく事で「街らしさ」が守られていくと考えている。この地で「神楽坂らしさ」の1つである路地空間から抽出した空間要素を持つ集合住宅を作る事で、「神楽坂らしい」居住環境を提供し、街に対して意識を向けるきっかけの場とする。

| 遠方への視線 | 先の空間を示唆する | 明暗の差 | 先を想像させる |

マテリアルの反転

マテリアルを反転させる事により、路地を引き込み街と連続させる。

コンクリートブロック・・・路地要素を建築側に用いる
土壁・・・建築要素を路地側に用いる

| 【路地】 | コンクリートブロック | 黒塀 |
| 【建築】 | 土壁 | |

マテリアルを反転

| 【路地】 | 土壁 | |
| 【建築】 | コンクリートブロック | 黒塀 |

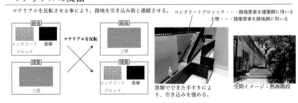

黒塀でできた手すりにより、引き込みを強める。

空間イメージ：熱海階段

■ 溜まり空間

■ 全住棟を繋ぐブリッジ

■ 二股に別れる動線

SOHO
SOHO
SOHO
SOHO
ギャラリー
ブックカフェ
食堂
コワーキングスペース
ゲストハウス
商業

| ・・・共用廊下 |
| ・・・グランドレベル路地 |
| ・・・ブリッジ動線 |

緩衝帯の再解釈

花街建築

| 路地 | 木格子 | 緩衝帯 | 建築 |

再解釈

SOHO エントランス

| 廊下 | 木格子 | 書斎 | 住戸 |

集合住宅の玄関に書斎を設ける。共用廊下から木格子越しに住人の活動を見せる事で、それぞれの仕事内容を互いに知り、共同活動のきっかけを生む。

新旧の融合

site

中層ビルと木造建築との間に存在する敷地

site

周辺情報を混ぜ合わせ、神楽坂のイメージを延長する。

SOHO×食堂
SOHO住人の会議室としての利用も可能。これには、食堂が食事の時間帯以外も常に人で賑わう。

緩衝帯
住戸内の作業スペースが木格子越しに見える。緩衝帯の読み替え。

SOHO×ブックカフェ
大階段に沿って、投影機を用いればフリーランスの人々の発表の場としても利用できる。

SOHO×銭湯
オンライン上でのやり取りの多いフリーランスの人々にとって、オフラインの社交場は、人脈を豊かにするのに貴重な場所となる。

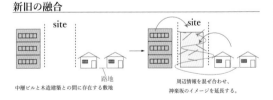

蛇行する階段が神楽坂らしさを醸し出す

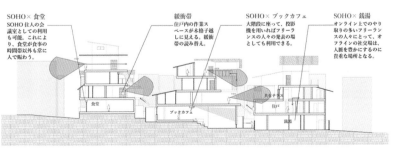

木漏れ日の都市

神戸大学
工学部
建築学科
遠藤研究室

上山 貴之 Takayuki Ueyama ［学部4年］

木漏れ日の都市

001 地区公園   002 近隣公園   003 街区公園

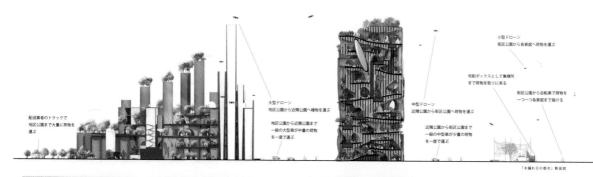

配送業者のトラックで
地区公園まで大量に荷物を
運ぶ

大型ドローン
地区公園から近隣公園へ檜物を運ぶ

地区公園から近隣公園まで
一般の大型車で中量の荷物
を一度に運ぶ

中型ドローン
近隣公園から街区公園へ荷物を運ぶ

近隣公園から街区公園まで
一般の中型車が少量の荷物
を一度に運ぶ

小型ドローン
街区公園から各家庭へ荷物を運ぶ

宅配ボックスとして集積所
まで荷物を取りに来る

街区公園から自転車で荷物を
一つ一つ各家庭まで届ける

「木漏れ日の都市」断面図

site location

site 001

site 002

site 003

提案 ｜ 01 都市公園の再配置（誘致距離）

働き方の変化により、商業地域でさえも生活の場となる。
各地区公園が大阪環状線全域を覆うように敷地を再配置する。

提案 ｜ 02 緑地の積層（標準面積）

大都市である大阪の中心地に新たに公園を計画するための敷地は少ない。
かつて都市環境を改善するために人を積層したように、緑地を積層する。

提案 ｜ 03 都市公園の流通ネットワーク

都市公園と流通システムはともに3B体系をなしており、
都市公園のネットワークと流通のネットワークを同期させることで、
流通の適正化を目指す。

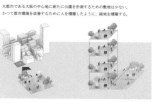

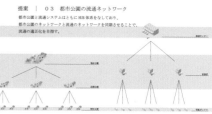

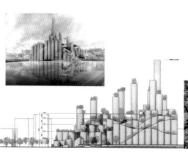

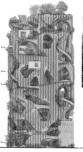

日本で最も緑地面積が少ない都市「大阪」。景観上の問題だけでなく、ヒートアイランドの対応策としても都市の緑化は重要な課題である。また、amazonや楽天をはじめとするEC市場の拡大により宅配の需要が増え、1日に宅配可能な量を超える荷物を運ばなくてはならない事態となっている。宅配クライシスと呼ばれ、人口が極端に多い都市において現在の宅配システムの維持が困難になる。

大阪の中心となる大阪環状線内に範囲を絞り、大都市における緑地のあり方を検討する。誘致距離を基に新たに30箇所加えて152箇所に都市公園を再配置する。大阪では新たに都市公園を計画するのに十分な面積を持つ敷地が少ない。各都市公園の標準面積を狭い敷地で確保するために「緑地を積層」する。都市公園のネットワークと今後都市における宅配ネットワークはともにHUBを形成しており、それらを同期させることで緑地の拡大と都市における宅配システムの適正化を目指す。積層された都市公園はビルがひしめき合うように建つ大阪に新たな景観を生み出すとともに、都市に木漏れ日を落とす。新たな都市公園を宅配とともに考えることで、大都市の未来像を描く。

選定エリア：大阪環状線の内側

点から線へ
－3つの地域を結ぶ船の道の再構築－

東京工業大学大学院
環境・社会理工学院
建築学系
都市・環境学コース

佐藤 優希 Yuki Sato [修士2年]

全体計画　海の駅を起点とする観光ルートを確立し松島湾全体を活性化させる

計画の要旨　モータリゼーションの進展や震災など様々な社会背景の中で、海との関係が疎遠になりつつある個々の地域にフェリーターミナルを主軸とした地域の核となる施設を計画し、航路で結ばれた観光の流れをつくり、全体を活性化させる。

①松島　誘いの環
②桂島　見晴らしの塔
③塩竈　水際をほどく帯

選定エリア　宮城県松島湾

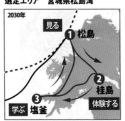

2030年
見る
①松島
②桂島
③塩釜
体験する
学ぶ

松島湾（宮城県）は風光明媚な多島海景観で有名で、かつては多くの船が行き交い、面としてのにぎわいを見せていたが様々な背景の中で失われつつある。この海運の伝統文化を将来につないでいくためのまちづくりを提案する。環・塔・帯の異なる形態で街と海との接点を作ると同時に周囲への視点場をつくる海の駅を設計し、それぞれ見る・体験する・学ぶといった一連の異なる体験を船の道で結ぶ。3つの地域を船の道でつなぐことで、人や経済の循環としての輪に留まらず、新たな人と人のつながりとしての輪をつくり、地場産業や地域社会の維持を実現する。

計画概要：3つの海の駅と船旅でつながる地域

【松島】	【桂島】	【塩竈】

①誘いの環
環：様々な視点場により周囲の島々を確保する

②見晴らしの塔
塔：俯瞰的に島の周囲の営みを眺める場をつくる

③水際をほどく帯
帯：海と陸の接合を多くし、船や海との関わりをつくる

---

①松島　誘いの環　　松島湾を見る海の駅　（島と歴史の展示室・環状桟橋）　　　　歴史や松島湾の魅力を伝え、船旅へと誘う

敷地

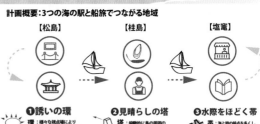

通過点としての桟橋

360°の景色を楽しむ円形桟橋
瑞巌寺参道からのびる海の参道の軸を延長し人々を寄せる

瑞巌寺参道
五大堂
商店街
オーディトリウム
遊覧船乗り場 塩竈行き
チケット売り場
福浦島
観瀾亭
展示室
スタジオ
市民ギャラリー
書店
展示室
展示室
展示室
展示室
ホール
展示室
市民ギャラリー
チケット売り場
会議室
展示室
遊覧船乗り場 桂島行き
環状桟橋
雄島
亀島

小舟で周辺を巡る

屋根が作り出す街のような展示室

環の形状をした桟橋が360度の周囲の島々への視点場をつくる。山並みに呼応するような分棟の建築は松島湾に関する展示室やイベントを行うホールとなっている。瑞巌寺から参道を通って桟橋に来た観光客を**船旅へと誘う**海の駅。

【東西断面構成】

桟島行き
遊覧船乗り場
展示室　展示室　スタジオ　展示室　塩竈行き 遊覧船乗り場
環状桟橋　小舟乗り場

松島湾（宮城県）は風光明媚な多島海景観で有名で、かつては多くの船が行き交いにぎわいを見せていた。松尾芭蕉の時代から塩竈で食事や宿泊を、松島で風景や寺社巡り、桂島で海水浴や地場産業の体験を楽しむ文化があった。しかしながら、自動車社会の到来、松島の観光地化により多くの観光客が気軽に訪れられる場所となる一方で、船の利用者が大きく減少し、周辺地域との関わりは薄れ、隣接する塩竈港や桂島港は人口減少、高齢化、後継者不足が進んでいる。自分が生まれ、祖母が暮らした港町や文化を次の世代にも残すための術を模索したいと考え、敷地に選んだ。本提案は、こうした様々な社会背景の中で海との関係が疎遠になりつつある個々の地域にフェリーターミナルを主軸とした施設を計画し、独立している個々の観光拠点に船の道を再構築し、点と点を結び線としてさらに面とすることで全体を活性化させる計画である。3つの拠点は各敷地の周辺環境に対して開かれ、観光をはじめとした外からの人の介入を促進するとともに、地域住民のターミナルとしての機能も持たせる。最終的にこれらの3つの建築を巡る小さな旅を提案し、数十年後も持続可能なものとする。

選定エリア：宮城県松島湾周辺地域

115

余剰から培うまち
－郊外住宅地を編みなおす－

工学院大学
建築学部
まちづくり学科
遠藤研究室

鈴木 菜都美　Natsumi Suzuki［学部4年］

■生活圏250mのまち

家から目的地まで車移動

▼

歩ける生活圏

各エリアおおよそ250m間隔に配置された街区公園4
カ所を中心とした生活圏を構築する。歩ける生活圏の
構築により住民の外出機会の増加を狙う。

■共有空間の創出

グリッド状に街区分けがなされ、「公」と「私」が明確化された郊外住宅地。住民の共有空間をネットワーク化する。

■「農」によるまちの繋がり

周辺の農地に調和し、「農」による農村と都市をつなぐ場所を目指す。

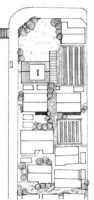

1　バス待ちリビング

集会所（カフェ）× 広場
主にバス待ちのカフェとして利用される。2階の
席は貸し切って集会所利用もでき、大平台高校の
先生、生徒を招いて農ノウハウの講習が開かれる。

2　まちの保健室

診療所 × ハーブガーデン
元々お医者さんだった家主が住民の健康相談
を受ける。隣接する庭では園芸療法が行われ
る。

3　大きな台所

コミュニティキッチン × 畑
隣接する畑で収穫した野菜をすぐに調理する
ことができる。週2日は料理教室が開催され、
参加者と食卓を囲む空間となる。

地方都市の郊外住宅地のリノベーション計画。対象地である静岡県浜松市は車やバイクなどの輸送機器産業が盛んなまちである。そのため郊外地に工場が点在し、その周辺に住宅地が計画されてきた。その一つである大平台では、人口減少、少子高齢化による空き区画などの余剰空間の増加、地域コミュニティの希薄化など多くの問題を内包している。さらに、立地適正化計画により、誘導区域外になっているため、衰退化も考えられる。そこでまちの持続を見据え、郊外住宅地の新しい住まい方を提案する。「公」と「私」で構成されている住宅街の中に「共」の空間を挿入する。空き区画、空き駐車場は、農地や菜園、広場、ガーデンといった住民の共有庭に。さらに、空き部屋のある家をリノベーションし、シェアキッチン、図書館など、住民共有の部屋に。また、敷地境界にフットパスを設け、共有空間へのアクセス路とともに住民同士のコミュニケーションを誘発させる道とする。フットパスによって、歩行者と住宅の距離は縮まり、各住宅の縁側やデッキの在り方も変化するだろう。余剰空間のリノベーションで住民間のコミュニケーションを促し、多様なふるまいを許容するまちを目指す。

選定エリア：静岡県浜松市

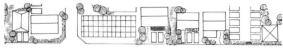

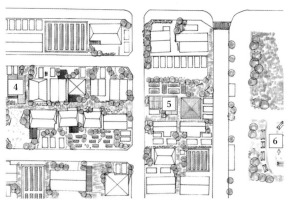

すでに余剰している土地や建物をあらかじめ組織に登録しておくことで空き家化、空き地化し、持ち主不明地になることをあらかじめ防ぐ。すでに持ち主不明地であるものはこのNPOの所有となり、管理地の一つになる。

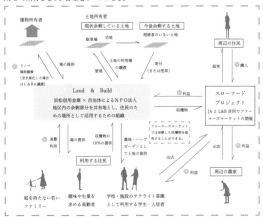

4

庭の中の図書館

図書室 × 広場
本好きの家主が開くまちの図書室。近隣の住民から読まなくなった本を寄付してもらい、住民の共有本棚とする。

5

フレンチが隣接する加工販売所

加工販売所 × 高床畑
近隣の畑で収穫された野菜、お惣菜の販売をする。売れ残った野菜は隣接するフレンチレストランで調理される。

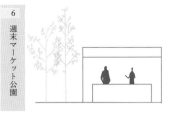

6

週末マーケット公園

週に1度近隣でとれた野菜を販売するファーマーズマーケットが開催される。四丁目エリアで収穫された野菜はもちろん、隣町で収穫された食料も販売される。

マチアイのある生活

法政大学
デザイン工学部
建築学科
北山研究室

勝野 楓未　Fumi Katsuno［学部3年］
河上 朝乃　Asano Kawakami［学部3年］
宮澤 哲平　Teppei Miyazawa［学部3年］

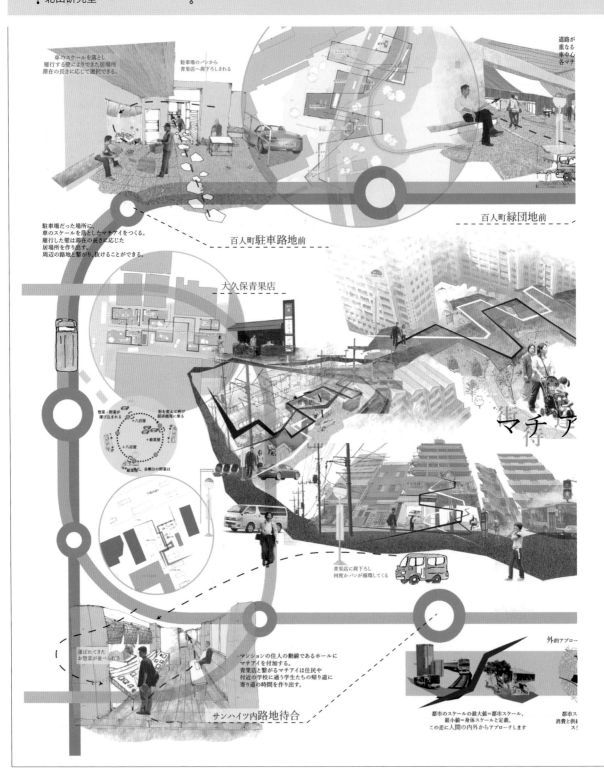

車のスケールを落とし
雁行する壁によりできた居場所
滞在の長さに応じて選択できる。

駐車場のバンから
青果店へ荷下ろしされる

道路が
重なる
車中心
各マチ

百人町緑団地前

駐車場だった場所に、
車のスケールを落としたマチアイをつくる。
雁行した壁は滞在の長さに応じた
居場所を作り出す。
周辺の路地と繋がり、抜けることができる。

百人町駐車路地前

大久保青果店

惣菜・野菜が
運び込まれる

+八百屋

+惣菜屋

+八百屋

形を変えて再び
経済循環に乗る

+惣菜屋、余剰分の野菜は

マチア
待

青果店に荷下ろし
何度かパンが循環してくる

選ばれてきた
お惣菜が並べられる

マンションの住人の動線であるホールに
マチアイを付加する。
青果店と繋がるマチアイは住民や
付近の学校に通う学生たちの帰り道に
寄り道の時間を作り出す。

サンハイツ内路地待合

外的アプロー

都市のスケールの最大値＝都市スケール、
最小値＝身体スケールと定義、
この差に人間の内外からアプローチします

都市ス
消費と供
ス

効率化、高速化された社会や経済活動はアーバンスケールまで拡大した。人間が知覚できる身体スケールとの差は広がるばかりである。
消費に近いBtoC産業ではこのスケール差が顕著に現れ、直接廃棄物となる。フードロスはこの差に起因する問題の一つである。本計画では円環状のバス路線に囲まれた区域内で経済活動をスケールダウンする事でその解決を試みる。
東京都新宿区淀橋市場周辺では多くの青果店が仲卸から仕入れた青果を消費者に販売している。

この青果店同士と市場を結ぶようにバンを走らせ、在庫を流動的に管理、補充可能な組織網を構築し、過剰な発注を防ぐ。また、バンの拠点では規格外の青果や消費期限の近い青果を活用して惣菜を製造する。
本計画ではこの拠点と青果、惣菜の販売所を5つのバス停待合所に付随させる形で設計した。バス停を空間化し、生活の中に余白を生むことで人々に身体スケールを想起させる。人々が自在にスケールを選択し、生活できる社会が2020年から目指されるべき社会である。

選定エリア：東京都新宿区百人町

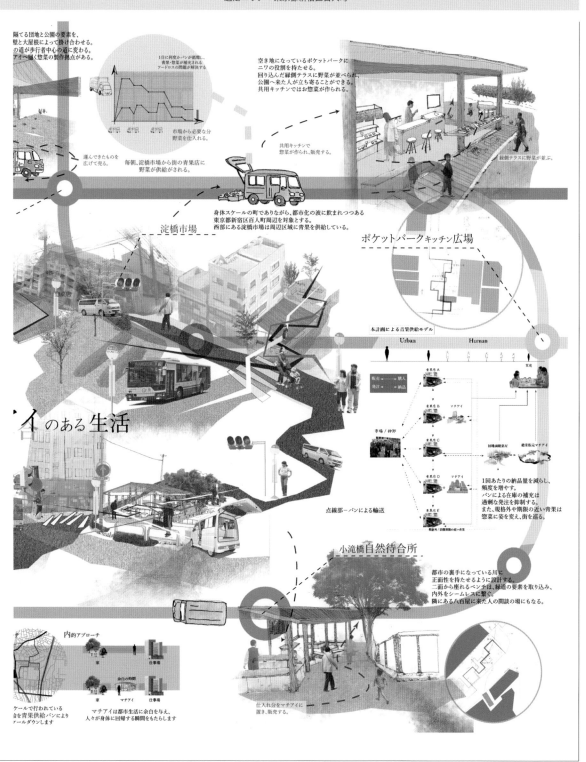

119

高岡の巣

東京工業大学
環境・社会理工学院
建築学系

林 孝哉 Takaya Hayashi ［学部3年］
中田 海央 Mio Nakata ［学部3年］

「高岡の暮らし」という体験をデザインする

高岡に住み、働きながら高岡の伝統工芸や食文化に触れられる、高岡だからこそできる「高岡らしい暮らし方」を、短期的に体験できる。

一階は主に工房や店舗を設けた「職」スペース、二階はそれらの店舗営業者の住まいとなる「住」スペースで、中央に位置する「まちおこしさろん」では居住者と地域の人が集まうオープンな空間となっている。

高岡の食エリア　一・二・三

高岡の郷土料理や名産品のグルメが味わえる飲食店が並ぶ。当初の三店舗それぞれの間取りや外観のカラフルな色彩はその昔を生かし、特に二階部分居住空間は高岡の昔ながらの町屋の雰囲気を堪能できる。その時の居住者によって、バーや料亭やお土産屋など、営業形態は自由に選択できる

まちおこしさろん

居住者と地域の人が一堂に会することのできる交流スペース。高岡のまちおこしのためのレクチャーやイベントが随時催され、居住者同士や居住者と地域の人との関係づくりが促進される。

また、居住者が滞在期間を終えたのちの新たな住まいや職業探しといった、居住者の「巣立ち」をサポートする講演会やワークショップも行われる。

高岡の工芸エリア　四・五

工芸都市とも言われる高岡の伝統技術を使ったものづくりを行う工房や、それらを展示・販売する店舗が立ち並ぶ。一階部分の店舗四・五では、ルーバー間の開口が大きく取られたガラス張りとなっており、オープンファクトリーや工芸体験・ワークショップ等の、地域の人々と関わるパブリックな空間となっている。

断面図三百分の一

平面図三百分の一

住居五　住居四　住居三　住居二　住居一

二階

店舗五　店舗四　まちおこしサロン　店舗三　店舗二　店舗一

一階

構造

だいあぐらむ

老化、ガラスの多い表面、柱のない大空間に対して補強する。補強するブレースを各建物ごとに交差するように入れ、それと建物を構造梁が繋がる。そしてブレース同士をつなぐように視線、太陽光を遮り、建物に鳥の巣のイメージを持たせるルーバーを取り付ける。ルーバーは改修前の建物の色を踏襲している。

構造梁

ルーバー

ブレース

富山県高岡市では増加している空き家をリノベーションという方法で歴史的建造物の外観はそのままに中を作り変え、工芸品や個性的な食を売り出す店舗が随所に見受けられる。歴史的景観や伝統文化を、リノベーションという形で伝承する高岡の新しい取り組みから「クラフト魂」なるものが感じ取れた。この「高岡の巣」ではそのような店を持ちたい人の「卵」が短期滞在するための店舗兼賃貸住宅の職住一体空間を提供する。中央に位置するまちおこしサロンではイベントが開かれ、居住者たちは地域の人々と関係を作りやがて高岡のまちおこし人として「巣立

つ」。
外観における鳥の巣のイメージを彷彿とさせるルーバーは、当初の連続した店舗の外観をそのまま纏ったデザイン。曇りの多い高岡で光を取り込むために多くのガラスを用いたファサードや大空間を成り立たせる補強材としてや、適度なプライバシーを守る機能としても用いられる。

選定エリア：富山県高岡市坂下町

高岡の巣

高岡で「巣立つ」
～街おこし人育成～

高岡に興味を持つ「卵」となる人を対象に、賃貸型の店舗兼住宅である「高岡の巣」に観光と定住の中間的な期間である一ヶ月から二年という短期滞在スパンで入居してもらう

高岡に興味を持っており、工芸品や飲食の商いを通して街を活気づけたいと考えている人々

高岡に住む地域の人々

居住者と交流し、巣立ちのサポート

巣帰る

賃貸型店舗兼住宅施設「高岡の巣」

巣立つ

高岡の魅力を全国へ発信するために自ら行動を起こす街おこし人

「高岡の巣」での滞在期間、高岡の地元に住む人々との交流や高岡らしい暮らしを通して、高岡の歴史的景観や伝統文化を伝承し街を活気づける街おこし人が育ち、滞在期間を終えて「巣立つ」。

巣立った彼らはやがて、地域の街おこしに奮闘する中で、「再び」高岡の「巣」に「巣帰り」新たな居住者に高岡の魅力を発信する。このようにして、高岡に街おこし人が育成されていく。
「高岡の巣」は、このような高岡の街おこしに関わる準備をするための施設として位置づけられていく。

YUMMUNICATION

お湯が作る交流空間

神戸大学
工学部
建築学科

滝田 兼也 Kenya Takita [学部3年]

YUMMUNICATION
お湯がつくる交流空間

お湯の循環ダイアグラム

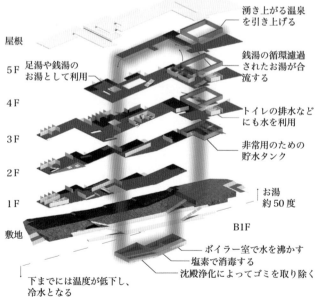

湧き上がる温泉を引き上げる

屋根

5F　足湯や銭湯のお湯として利用

銭湯の循環濾過されたお湯が合流する

4F

3F　トイレの排水などにも水を利用

非常用のための貯水タンク

2F

1F　お湯 約50度

敷地　B1F

ボイラー室で水を沸かす
塩素で消毒する
沈殿浄化によってゴミを取り除く

下までには温度が低下し、冷水となる

あらゆる人々の活動

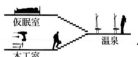
仮眠室
木工室
温泉

ライブラリー

足湯

資料室

自習室

阪神淡路大震災の反省を活かす

阪神淡路大震災で甚大な被害を受けたこの地域では二次被害として水不足に悩まされた。そこで湧き出る温泉を銭湯や足湯に使う一方で、冷えて温度が低くなった水を濾過循環して利用しつつ貯水し非常時に備える。

お湯で学生と市民をつなぐ

お年寄り × サラリーマン

銭湯を趣味とするお年寄りと仕事終わりのサラリーマンが世間話をする。

主婦 × 中高校生

工作教室に通う主婦と部活帰りの中高生がスッキリするために銭湯で出会う。

大学生 × 教授

研究室の隣接された足湯で学生と教授が休憩がてら少し談笑することでより信頼関係が生まれる。

阪急六甲駅、普段のある1日の乗客数は29,566人。住宅や学校が多く位置するこの駅には毎日さまざまな人が訪れる。しかし、駅から離れている大学で建築を学ぶ学生は市民との交流が少ない。そこで駅と一体化した新たなキャンパスを提案する。
この敷地周辺には銭湯が多く存在し、源泉掛け流しの銭湯がほとんどである。また湧き出るお湯を自由に格安で飲むことができ、水を汲みに列ができることもしばしば見られる。そこで昔からこのようにこの土地に馴染みのあるお湯を用いて市民と学生を結び、あらゆる場面で異なる世代の人との交流を目指す。

選定エリア：兵庫県神戸市灘区阪急六甲駅

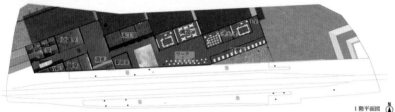

1階平面図

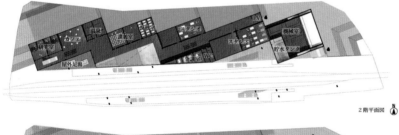

2階平面図

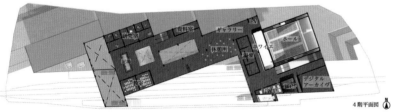

4階平面図

1階

多くの人が西側入口を行き来する。この階では、1番他人との交流する機会を設けるために一般市民も使用できる木工室を配置。
足湯に浸かりながら、ワークショップの様子をみたり、建築学生と触れ合うことでお互いに刺激を受ける。
駅のホームと高低差が1.5mしか無いため、電車の中からも中の様子を垣間みることができる。

2階

この階は、主に建築学生が使用する。
設計の考えが行き詰まった時は、温泉に入りながら他人との意見交換。
ゼミで悩み事が生じた時は、足湯に浸かりながら教授と相談。
少しばかり休憩する時はカフェでコーヒーを飲む。
こういった様々な寛げる空間で、のびのびと新しいアイデアを考える。

4階

ホールの入口があるこの階は、多種多様な人が利用する。時にはコンサート、はたまた学会など1度に多くの人が集まるため、他の階よりもゆとりのある空間にする。
ギャラリーや休憩所で建築学生の作品をホール利用者に見せることで、建築について興味を持ってもらうきっかけとなることを願う。

温泉を用いた駅×キャンパスの提案　五感を用いてお湯を感じる

見る	聞く	触る	食べる	匂う
ガラスの天井の上にお湯が流れる。光が屈折や波によってゆらゆらと下に映し出される。	屋外足湯や温泉、またお湯の滝による音が至る所で耳に入るため、お湯を感じられる。	交流空間に足湯が設けられており、そこでは実際にお湯に触れながらリラックスする。	温泉を利用して作られる温泉卵。駅のホーム直結の売店などで買うことができる。	温泉の匂いが感じられ、室内にいながら温泉を感じることができる。

カフェ　休憩所　研究室　講義室　会議室　デジタルアーカイヴ

DE GRENS
―私ならここ　今ならここ―

日本大学
理工学部
建築学科
佐藤研究室

風間 翔太　Syota Kazama ［学部4年］

アクティビティを一本の境界線の(壁)で
区切られた部屋の中で完結させてしまっている

↓

一本の境界線で区切られた部屋という空間は、
場を発する壁の集積でできている

↓

部屋を壁という要素に解体・再構築し、
アクティビティの重なり合いを生む

↓

第三者が関わることでアクティビティが
混ざり合い、新色のアクティビティが生まれる

DE GRENS

現在、私たちは仕事や学習、習い事などのアクティビティを、一本の境界線（壁）で区切られた部屋の中で完結させてしまっている。そのため、社会から与えられたカテゴリの中でしか活動できず、本来重要視されるべきである個人の感覚や状況、時代による場の決定ができなくなっている。このままでは、無意識のうちに固定観念に囚われた選択をしてしまい、個人の感覚や状況、時代を我々の身近な振る舞いに落とし込めない窮屈な社会になってしまう。一本の境界線で区切られた部屋に着目してみると、立ち話をする人や本を読む人、その場の機能を担う家具などが壁に引き寄せられている。これは壁が場を発しているからであり、一本の境界線で区切られた部屋という空間は、場を発する壁の集積でできていると考えられる。そこで、一本の境界線で区切られた部屋を壁という要素に解体・再構築し、アクティビティやコミュニティを混ざり合わせることで、個人の認識や状況により境界を自分で決定できる自由度の高い建築が実現できるのではないかと考えた。

選定エリア：埼玉県熊谷市中央

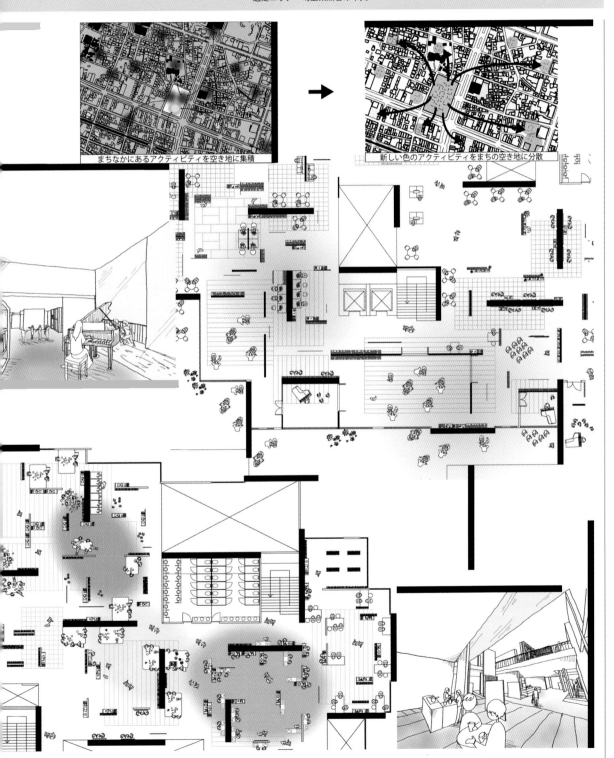

まちなかにあるアクティビティを空き地に集積

新しい色のアクティビティをまちの空き地に分散

みち×まち
道からまちを見つめてみる。

愛知工業大学
工学部
建築学科
安井研究室

井上 玉貴 Tamaki Inoue ［学部3年］

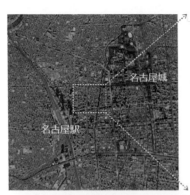

駐車場
敷地

■敷地
対象地域である那古野の歴史的町並み保存事業地区を調査してみると、かつて商人たちが堀川に抜ける動線として建物内部に引き込まれた道を利用して往来された四間道と美濃路の関係は失われ、いまは四間道に対して土蔵が建ち並び、美濃路の通りに対しては駐車場空間が広がるなど、表層的な景観が形成されている。

■提案
そこで、建ち並ぶ土蔵と隣接する駐車場空間を利用し新築と増築によって四間道と美濃路の関係を再び結び、道の中からコミュニケーションの生まれる空間を形成していく。その際、現地調査によって得られた道の構成要素の分析と、自己の体験から分析した移動から要素を抽出しゾーニングを行う。

□道の構成要素
まず、道の構成を「開口部」、「壁」、「床」、「障害物」の大きく4つに分解し、四間道と美濃路に対して道同士が関係を持つようにまちにある要素を抽出しながら再編成をする。

開口部　　　　壁　　　　床　　　　障害物

□移動について
次に、人はなぜ移動するのかという疑問のもとに、自己の体験の考察から移動には「手段」となった移動と「目的」となる移動の二つの移動パターンに分けられることが分かった。また「目的」の移動には空間のシークエンスや新たな発見を求める好奇心が移動を楽しくしていると考えた。

手段的移動　　　　目的移動

現在、リニア中央新幹線の開通に先駆け、再開発が進む名古屋駅周辺を計画エリアとして選定した。かつて名古屋は城を中心に栄え、ものづくりの大動脈として堀川がその市民の生活やまちの発展を支えてきた。戦災で多くを失ったが、現在も「日本のものづくりの中心」として変わることなく、都市の発展を続けている。一方、戦災を受けず伝統的な景観が残った那古野の町並みを、名古屋市は「歴史的町並み保存事業」として建築物の保存・再生・活用に取り組み、場の価値を高めることにより地域の活性化を図っているが、その動向から生まれる表層的な町並みに、地域固有の価値が存在しているのだろうか。実際に、歴史的町並み保存事業地区を調査してみると、かつて商人たちが堀川に抜ける動線として建物内部に引き込まれた道を利用して往来された四間道と美濃路の関係は失われ、いまは四間道に対して土蔵が建ち並び、美濃路の通りに対しては駐車場空間が広がるなど、表層的な景観が形成されている。そこで、那古野における建築の在り方をまちの歴史を紡ぐ道から再考した。道の構成要素を分析し、再構築された道空間を引き込む建築によって道同士の関係が取り戻される。

選定エリア：愛知県名古屋市中村区那古野

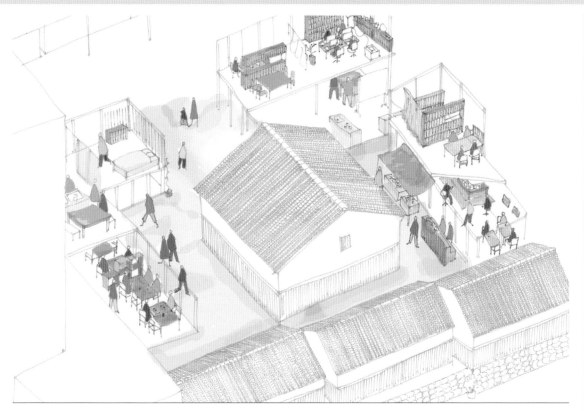

□ゾーニング

道の構成要素と移動の分析から、駐車場空間に新築のゾーニングを行い、既存建物とのボリュームを検討した。

1. 駐車場空間に3つのボリュームを配置する
2. シークエンスを持つように道空間の引き込み
3. 各棟に機能を持たせ、道がその関係を結ぶ

道空間の引き込み

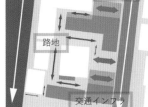

道の構成要素を抽出し再編

■まちの輪郭

計画地区の那古野を俯瞰して見つめるとき、そこには周囲を囲う高層ビルなど「外部に描かれた」まちの輪郭が浮かび上がってくる。那古野には都市のスポンジ化によって駐車場空間が広がっているため、いつでも外部は輪郭の内部に侵入できてしまう。

そこで、内部からまちの輪郭を描くように、まちに点在するまちの構成要素を道空間で結び、さらにまちの個性を生かした地べたでまちに寄生するような建築を目指す。

各棟の挿入機能

描かれる輪郭
都市の中に埋もれるまち

描く輪郭
アイデンティティをもつまち

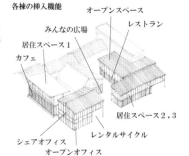

仮真郷
～野沢温泉村の息遣いに住まう～

東北大学
工学部
建築社会環境工学科
本江研究室

難波 亮成　Ryosei Namba［学部4年］

観光業を産業の中心に据える野沢温泉村の醍醐味は、温泉街に点在している13ヶ所の外湯巡りである。江戸時代から湯仲間という制度によって守られてきた外湯は、住民の生活の一部として使用される一方でここを訪れる観光客にも無料で開放されている。家には風呂場を持たずこの外湯において日々の入浴を行う住民もいる中でその場を観光客が無料で使用することが許されている。90℃近い熱湯が湧き出る「麻釜（おがま）」は野沢温泉村の台所と称され、日常的に地元住民が山菜などを茹でる光景が見られる。そんな野沢では、住民の息遣いを感じながらのリアルな体験を宣伝文句としているが、実態は異なる。情報化が進み、観光客の村での体験は既定のルートをなぞることで完結してしまうものになっている。このように観光客の非日常と住民の日常がそれぞれで完結している現状は、それらの交わりを極めて希薄なものにしている。

そこで、現代の野沢温泉村において、それぞれで完結している「観光客にとっての非日常体験」と「温泉とともに生きる住民の暮らし」を1つの建築のスケールの中で織り重ねていく。

選定エリア：長野県野沢温泉村

完結したそれぞれの体験に関わりしろを生み出す

それぞれで完結している「観光客にとっての非日常体験」と「温泉とともに生きる住民の暮らし」を1つの建築のスケールの中で織り重ねていく。

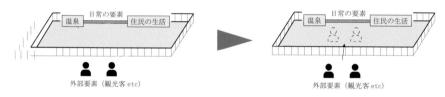

麻釜での活動を拡張し、外湯（共同浴場）のネットワークを引き込む建築

麻釜という源泉に着目し、そこでの地元住民の活動を引き込み、更に外湯のネットワークのパスとなる建築を設計することで互いの暮らしを折り重ねていく。

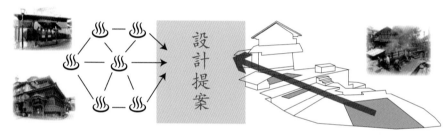

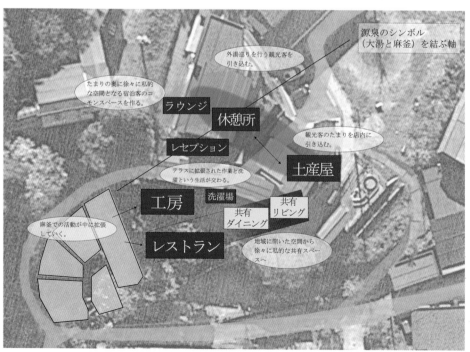

生き物が暮らす沈貸住宅

- 秋田県立大学
- システム科学技術学部
- 建築環境システム学科
- 込山研究室

根岸 大祐 Daisuke Negishi [学部3年]
中川 陸 Riku Nakagawa [学部3年]

計画敷地

岩手県盛岡市中津川沿いの一角

平入りの町屋

盛岡市の町屋の特徴は、柱建ての下屋付きであり道路と平行に屋根の棟を持つ「平入り」がほとんどであることが分かった。これは、北東北や新潟県で見られる「こみせ」や「雁木」が内土間になったものであり、後にガラスが入り今の姿となった。多少手を加えた所も伺えるが、現在も痕跡はみられている。

風景と向き合う建築

人々が風景と向き合うきっかけとして家具と空間の関係に注目する

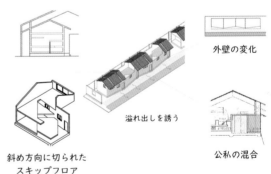

外壁の変化

溢れ出しを誘う

斜め方向に切られた
スキップフロア

公私の混合

歩道　▨ テラス

居住者を含めた地域の人々に、日常的に川の自然を意識させるようにすることで、河川を保護する動機へと繋げる。そこで特徴である「平入り」の要素を継承し、敷地の川沿いの遊歩道を活用する。遊歩道を沿うようにテラスを設け、専有部と挟み込むことで、溢れ出しを誘い、公私が曖昧な空間とする。交流を促しながら皆が自然と川の風景に意識が向くようになる。

日本には四季の変化があり、多種多様な生き物がその変化に応じて暮らしているとても豊かな自然の風景がある。しかし、現代は情報化によりせわしなく過ぎていく社会となり、都市の中に何気なくある自然の風景は人々の目に止まっていない。さらには、人間も自然のサイクルの中に存在しているにも関わらず、人間の身勝手な行動により、自然に対して大きな影響を及ぼしている。また、美しい自然の風景は、時として人々の心のよりどころとなるのではないか。

都市の中の自然の風景が存在し続けるためには、人々が主体的に自然と関わっていく必要がある。

今回は、岩手県盛岡市中津川の一角に計画する。この地は元々、城下町と栄えており、現在もその名残として短冊形の敷地に建てられた建物が多く残っている。また、敷地前面には、四季折々の風景がある非常に自然豊かな中津川が流れている。

そこで私たちは、細長い形状の空間、賃貸でおこるサイクルを活かし、人々が風景に思いを馳せ、風景を維持していくきっかけとなる賃貸住宅を提案する。

選定エリア：岩手県盛岡市本町

家具による河川の整備

▪家具を作る
0. 加工された部材　1. 製作

六種類＋天板で様々な家具を作る

▪家具を沈める
2. 組み替え　3. 生物の住み処

住み処以外にも植木鉢や水制の役割を持つ

不要になった家具はごみとなるのではなく、新たな用途として変化する。人のために使われていた家具を、新たに生き物の棲み処へと変えることで、自然と川の風景に意識が向くようになる。

整備の推移

現在	数年後…	数十年後…

季節ごとに美しい風景が見られるが、一方的な人間の環境が作られ、主体的な生き物の環境づくりが求められる。	徐々に生き物たちの環境も作られ始め、活き活きとし、都市の中に現れることで、人々が豊かな自然をより感じ始める。	さらに整備は拡大し、都市の中に生命力が満ち溢れる。川一体の整備は終わりを迎え、工作物の維持管理に変わる。

131

小さな共有の重層が生む京島の再編

明治大学大学院　山本研究室
理工学研究科　門脇研究室
建築・都市学専攻　青井研究室

内田 俊太　Shunta Uchida [修士1年]
佐塚 有希　Yuki Sazuka [修士1年]
吉田 光　Hikaru Yoshida [修士1年]

00　木造密集市街地　墨田区京島地区
サイト

かつて、大都市の周辺部として
急速な市街化・高密化をうけた

01　小さな共有から京島のアイデンティティを醸成する
コンセプト

(1) 背景：繋がりの希薄化

タテモノ → マチの形成 → 住人・来街者の多様化 → ツナガリの希薄化

越後三人男による京島の長屋形成　増改築による住みこなし　京島を消費する様々な人々の参入

(2) 提案：「シェア」空間を京島らしさに付与

京島らしさ：・長屋・路地・商店街・自転車・アート・コミュニティ

空間 ─ 移動 ─ モノ ─ スキル

・ゲストハウス・ギャラリー　・シェアサイクル・カーシェアリング　・ブックカフェ・シネマ

新たなシェア
「京島らしさ」を保持しつつシェアでプレイヤーを繋ぐ

02　新旧一体の開発の波及
ルール

現在の京島における問題や需要といった文脈を読み解き、過去の遺産である**長屋の更新**と**新たな発展**により時間的連続性のある都市の再編を目指す。

L　長屋改修‥六軒

文脈 context　意向のある地主による**定期借地権付きマンション**の一時金

改修 Renovation　→　新築 New Building

ゲストハウス　来訪者とアートの出会い　アート支援施設　シェアハウス/マンション

M　長屋改修‥四軒

文脈 context　**歩きタバコ対策**とした喫煙室作成の行政支援

改修 Renovation　→　新築 New Space

シェアオフィス　働く場と京島の喫煙者コミュニティ　喫煙スペース

S　長屋改修‥二軒

文脈 context　**放置自転車抑制**とシェアサイクル普及に向けた行政支援

改修 Renovation　→　新築 New Space

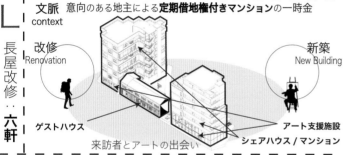

サイクルショップ　自転車インフラの普及・管理　シェアサイクルポート

長屋の軒数に合わせ、**新旧一体の開発手法**と、下町らしい face to face の
シェア空間を提示し、小さな共有の波及 ＝ "輪" を**連鎖**させていく。

 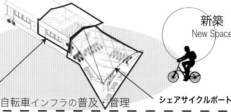

L　ゲストハウス長屋

アート支援

定期借地権つきマンションにより、入居者から得た一
長屋の再生に当てる。ソフト的には、京島のアート活
支援する施設を配置し、長屋再生後のゲストハウスと
イベントをもよおすことで、来街者とマチを繋ぐ

京島の歴史に連続させるデザインにより周縁部のマンシ

M　シェアオフィス長屋

喫煙所つきコミ

喫煙室つきカフェを防火建築物で新規開発するととも
四軒長屋を再生する。この長屋を敷地内通路により、
望めるシェアオフィスへコンバージョンする

京島の街固有の魅力—「京島らしさ」である昔ながらの棟割長屋と古きよきコミュニティを維持しつつ、建物の老朽化、高齢化の進行、地域活力の低下といった今日の社会的問題に建築的にどのように応えていくか。従来の長屋再生では単体の更新を中心としたリノベーションが多く、京島の街としての全体性を意識した長屋の更新はあまりみられない。またギャラリーやゲストハウスなど、京島を消費する新しい人々のためのプログラムが多く、従来の京島の人々との接点の少なさから、繋がりが希薄化し、街のアイデンティティが揺らぎ始めている。固定化さ

れる過去の遺産と、流動的な社会の一体性を意識した都市の将来像を描くために、都市的な背景・文脈から長屋の更新を捉え、単体の変化の重層による街の再編を考えていく。そのために「シェア」をキーワードに、長屋を生かした新旧一体的な開発をスケールを変え展開した。長屋再生と同時に都市をよりよく更新していくことをこころみた。

選定エリア：東京都墨田区京島

マンションテラスからゲストハウスを伺える

日常の何気ない空間にアートが入り込み、体験がシェアされる

長屋再生を兼ねる

ラウンジ・イベントシェアスペース

受付

客室
~4人
（メゾネット）

風呂

シェアサイクル

防音室

ステージ

防災広場・路地

エントランス

屋外シネマ

レンタル工房

¥昼：カフェ
夜：バー

¥アーティスト
ショップ

エントランス

1F 平面図

スペース

サックに一面接道する

スを確保しながら、相乗効果の

S　サイクルショップ長屋

シェアサイクルステーション

街中で放置されている自転車を集約、整備し、新規住人やアーティストが使えるシェアサイクルポートを設置。隣接している長屋の一部を行政支援金により再生し、システムを支える。

伝統を漉く

三つの生業を介した伝統技術の継承と地域再生計画

- 島根大学
  総合理工学部
  建築・生産設計工学科
  井上研究室

- 辰巳 詞音 Shion Tatsumi ［学部4年］

01 背景・目的

昔から和紙は人が繋がるための一つの手段であり、生業を通して自然と交流を深めてきたが、文明の発展により紙漉き業は淘汰され、同時に、人と自然との間には明確な境界が引かれてしまった。かつてのように生業を再び仲介役として組み込み、伝統を守りながら二物が繋がるための建築を考える。

02 高知県吾川郡いの町

高知県は約 84％と全国一位の森林率を誇り、そのうち 65％が人工林となっているが、手入れの行き届いていない人工林が増加し、生態系に影響を及ぼす可能性がある。一方で資源としての成熟度は増し、経済的価値が高まっており、木材利用促進がなされている。

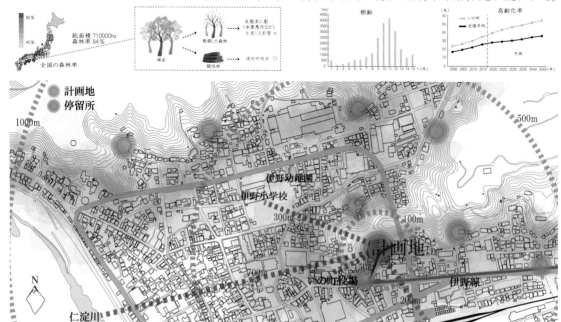

計画対象地は高知県吾川郡いの町。かつて紙漉きの町と呼ばれ、人々は伝統を誇りに、生業を通して交流を深め、自然と良質な関係を結んできた。しかし、時代の変化に伴い、高齢化、後継者不足、手漉き和紙の衰退により地域の活力が失われた。そして、文明の利器が発達し、忙しなく人・物が行き交う昨今、対話は上辺だけのように感じられ、人と自然は分断されてしまった。そこで、単体では生計が成り立たなくなった三つの生業に着目し、これらを集約。日本の文化に強い興味を持つインバウンドにも向けた観光要素を付加することで持続可能な一つの生業とし

て機能させ、欠けてしまった繋がりの「輪」に新たな形で再び組み込む。原料の栽培環境や木材利用促進に則り、人工林の豊富な町の中央に位置する小山を選定するなど、建築と土木の両面から総合的に計画を行い、半屋外空間を多用することで地域住民も自然に触れる機会を増やす。また、古き良き名残を素材・構法・家具に提案し、少しずつ町並みを更新していく。この場所に訪れた人は和紙の首尾を体験し、この町に住む人は至る所で和紙の魅力を感じられるそんな提案である。

選定エリア：高知県吾川郡いの町

架線集林 / 天日干し / 煮熟 / 皮剥ぎ / 店舗販売 / 紙漉き

03 提案 / 建築

□新たな生業の形
三つの生業を集約させ、原料栽培から和紙製造までの一連の工程を行う環境を形成し、生業の自立を目指す。更に体験や店舗販売などの公共的要素を付加することで、生業が欠けていた繋がりの輪に組み込まれ、三つの生業は一つの生業として機能する。

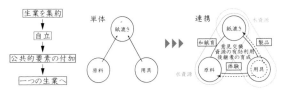

□設計手法
生業の各工程を振り分け、平面的・断面的に建築に落とし込み、立体的に空間操作を行う。

04 提案 / 土木

□段階的空間操作
北山の森林の一部を間伐する。間伐材は建材として利用し、森林跡地に原料畑を設ける。山と町の境界に計画し、半屋外空間を多用することで、人が自然に介入する余地を与える。

間伐 / 建築 / 栽培

□勾配操作
栽培環境を整えるために北山の表面を少し削る。削り出した土を移動して傾斜角を軽減すると同時に道と滞在空間を確保し、楮の繊維を固めたブロックで表面を仕上げる。

北山 / ヘンプクリート

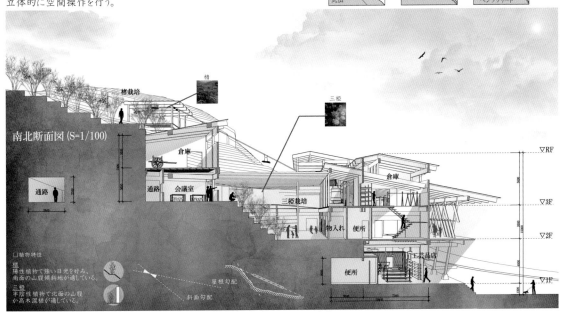

南北断面図 (S=1/100)

楮栽培 / 楮 / 三椏 / 倉庫 / 通路 / 会議室 / 三椏栽培 / 物入れ / 便所 / 倉庫 / 工芸品店 / 便所 / 通路

▽RF / ▽3F / ▽2F / ▽1F

□植物特性
楮
陽性植物で強い日光を好み、南面の山腹傾斜地が適している。
三椏
半陰性植物で北面の山腹か高木混植が適している。

屋根勾配 / 斜面勾配

輪を組む
忘れ去られた歴史と地域交流のための提案

千葉大学
工学部
総合工学科
大川研究室

渡邊 大祐 Daisuke Watanabe ［学部3年］

01. 轟町の変遷 -背景-

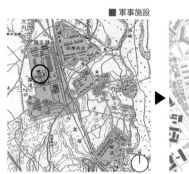

■軍事施設

地図①：昭和4年の千葉市稲毛
区周辺の地図 (S=1/60000)

■学業施設・子育て施設
▨計画敷地 ▨遺構（煉瓦棟）

地図②：現在の千葉市稲毛区
周辺の地図 (S=1/20000)

轟町は軍隊のまちから、文教のまちへと変化した。地域の人々の交流の場は存在しない。

02. 轟レンタイ学習センター -提案-

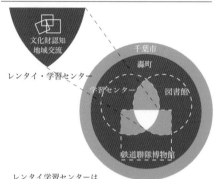

レンタイ学習センターは
・轟町においての地域交流の輪を深めること
・轟町という場所で鉄道聯隊の記憶を引き継ぐこと
を目的とする。

03. 機能を組む -配置ダイアグラム-

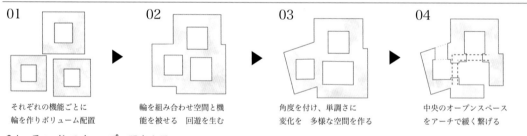

01
それぞれの機能ごとに
輪を作りボリューム配置

02
輪を組み合わせ空間と機
能を被せる　回遊を生む

03
角度を付け、単調さに
変化を　多様な空間を作る

04
中央のオープンスペース
をアーチで緩く繋ぐ

04. ランドスケープ -既存を用いて-

鉄道第一連隊全景 (1928年千葉市椿森)
温かみのある煉瓦が素材として用いられていた

残された聯隊の貴重な建物である鉄道連隊材料廠
煉瓦棟。博物館の展示の一環とする。

煉瓦棟の中に眠っている煉瓦アーチの構造物。
半屋外廊下として用いる。

全景パース　　　　　建物間を繋ぎオープンスペース間を緩く遮るアーチ

かつて千葉県千葉市は軍隊のまちと呼ばれ、多くの軍事施設が集積していた。その中でも鉄道第一聯隊が兵営を敷いていた場所は、軍靴の音や戦車のうねり声が轟いていたことが由来となって、轟町と呼ばれている。しかし、現在そのことを知る住民は少ない。鉄道聯隊の残された建物である旧鉄道聯隊材料廠厰煉瓦棟もただそこにある風景となっている。現在轟町は多くの学業施設が集積しているが、外でコミュニティを形成できるような施設は存在せずどこか物寂しい雰囲気を感じる。私はこのまちに、鉄道聯隊を想起させる場所、地域住民と学生たちの交流の輪を

生み出せるような場所を作りたいと考えた。煉瓦棟の敷地の隣であり、周囲を学業施設に囲まれているエリアに鉄道聯隊の博物館を兼ねた、地域コミュニティセンターを提案する。この施設はまちの放課後の居場所となる。博物館の来館者は煉瓦棟も展示の一貫として見学する。地域住民と学生の交流の輪が生まれ、その中で鉄道聯隊の記憶が蘇っていく。千葉市においての過去の歴史、文化財の価値の再認識に繋がることを願う。

選定エリア：千葉県千葉市轟町

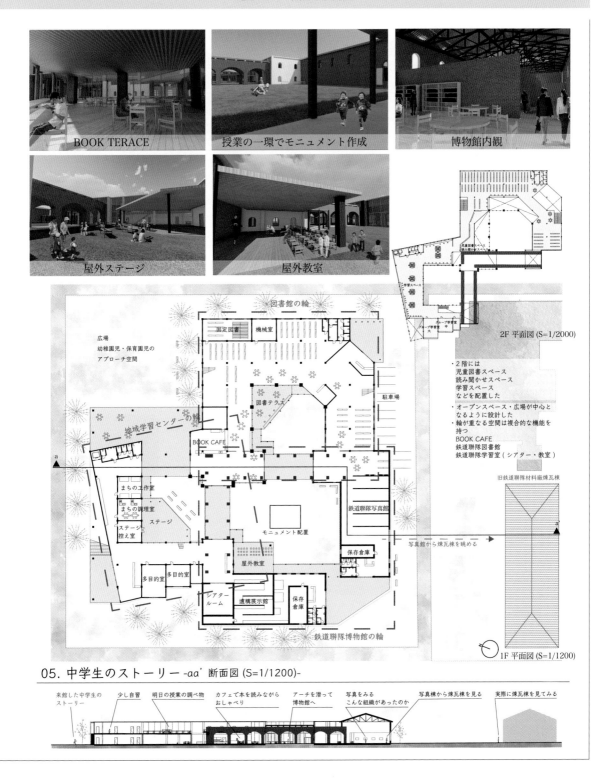

BOOK TERACE

授業の一環でモニュメント作成

博物館内観

屋外ステージ

屋外教室

2F 平面図 (S=1/2000)

・2階には
　児童図書スペース
　読み聞かせスペース
　学習スペース
　などを配置した
・オープンスペース・広場が中心となるように設計した
・輪が重なる空間は複合的な機能を持つ
　BOOK CAFE
　鉄道聯隊図書館
　鉄道聯隊学習室（シアター・教室）

図書館の輪

広場
幼稚園児・保育園児の
アプローチ空間

固定図書　機械室

駐車場

図書テラス

地域学習センターの輪

BOOK CAFE

まちの工作室

まちの調理室

ステージ

ステージ
控え室

鉄道聯隊写真館

モニュメント配置

多目的室　多目的室

屋外教室

保存倉庫

写真館から煉瓦棟を眺める

シアタールーム　遺構展示館

保存倉庫

鉄道聯隊博物館の輪

旧鉄道聯隊材料廠煉瓦棟

1F 平面図 (S=1/1200)

05. 中学生のストーリー -aa' 断面図 (S=1/1200)-

来館した中学生のストーリー　少し自習　明日の授業の調べ物　カフェで本を読みながらおしゃべり　アーチを潜って博物館へ　写真をみるこんな組織があったのか　写真棟から煉瓦棟を見る　実際に煉瓦棟を見てみる

そして、シモキタは残存する
下北沢の風合いを継承する再開発

芝浦工業大学
デザイン工学部
デザイン工学科
前田研究室

板倉 健吾 Kengo Itakura [学部4年]

法定の容積率20%分に商業施設を設計する。各街区にはオフィス、マンションが建つことを想定し、低層部分3フロア分に商業施設を設計する。街区を4つに分け、それぞれ街区A、B、C、Dとする。

街区別の規模と用途

街区A
オフィス＋商業施設
敷地面積：1,510㎡
容積率500%（うち100%設計）
→商業施設：1,510㎡
→オフィス：6,040㎡（8階分
1フロア576㎡）

街区B
オフィス＋商業施設
敷地面積：1,260㎡
容積率500%（うち100%設計）
→商業施設：1,260㎡
→オフィス：5,040㎡（7階分
1フロア576㎡）

街区C
マンション＋商業施設
敷地面積：1,350㎡
容積率500%（うち100%設計）
→商業施設：1,350㎡
→マンション：5,400㎡（10
階分40戸 1戸あたり104㎡）

街区D
マンション＋商業施設
敷地面積：880㎡
容積率500%（うち100%設計）
→商業施設：880㎡
→マンション：3,520㎡（12
階分96戸 1戸あたり20㎡）

路地要素の抽出

直線的な路地

店舗の孤立

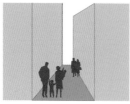
路地が狭い

店舗の滲みだし

設計ルール

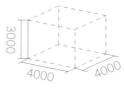
4×4×3モデュール

1ユニット64㎡

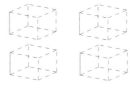
店舗の滲みだし部分を作る

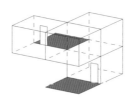
重なってはいけない

シモキタらしさの抽出

下北沢は70年代からは音楽の街として、80年代は演劇の街、古着の街として、サブカルチャーの拠点として独自の文化で発展しており、商店街には、約1250店舗が存在している。また、下北沢には高層の建物が少ないため、低層の建物に店舗が密集し、店舗の大半が個店であるため、店舗ごと様々な個性が生まれている。また、空襲の被害を受けず、ヒューマンスケールに沿った街並みが残る。そんな下北沢に令和4年、都市計画道路補助第54号線が下北沢の街を横断する計画が進んでいる。対象地は、東京都世田谷区北沢二丁目、下北沢に幹線道路が完成し

た場合を想定する。近年下北沢は再開発を試みており、駅周辺には中高層の建物が並んでしまう。再開発は利便性や回遊性が向上するが、建物の高層化や、店舗の立ち退きを免れることができない。街にアクセスが広がる動線計画と、再開発後も既存の店舗が営業を続けられる場を提案するとともに、再開発後もシモキタらしさを残す計画である。

選定エリア：東京都世田谷区下北沢

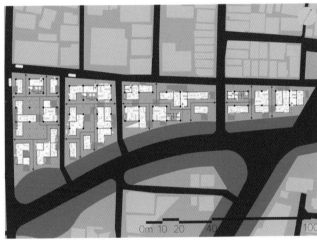

パース1

パース2

──── 店舗外敷地動線 ──── 上層部分入口 ■ 滲み出し部分

回遊性を意識した空間とする。メインの入り口はなく、一階で好きな店舗に入り、気が付いたら二階にいるようなメゾネットを各街区に配置しており、二、三階は各街区が渡り廊下で繋がっている。一階部分は全ての店舗が既存の路地に面しており、店舗から滲み出る商品などを見つけ、購買意欲を高める。建築的要素はセットバック、建具、階段、空地、シャッターを抽出し、プロトタイプに当てはめている。街区A、街区Bには、店舗内に空地を設けており、そこでフリーマーケットやフェスが行われる。

パース3

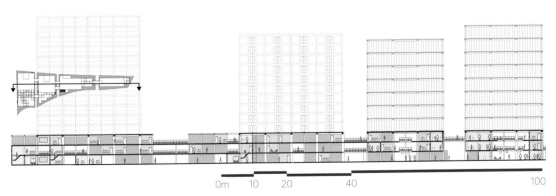

Project 柿川
川の視線が紡ぐ長岡の未来

長岡造形大学
造形学部
建築・環境デザイン学科
佐藤研究室

茅原 風生 Hui Kayahara [学部3年]
白鳥 蘭子 Ranko Shiratori [学部3年]
濱田 有里 Yuri Hamada [学部3年]
松尾 まりな Marina Matsuo [学部3年]

宮國 俊介 Shunsuke Miyakuni [学部3年]
鑓水 栞菜 Kanna Yarimizu [学部3年]
横田 真穂 Maho Yokota [学部3年]

互尊 Project

新川 Project

やさい駅 Project

表町 Project

平潟・柳原 Project

全体イメージモデル

全体俯瞰モデル

やさいの駅
川沿いに点在する畑を集結。昔この場所は河戸であったため、現代版河戸として道の駅を計画。川越しに長岡野菜を育て、食し、買い物をすることで自然と川沿いに人が集まるきっかけとする。

Book and...
互尊文庫移転を受け、小中学校が集中する文教的な地区に、本を中心に学び交流することを目的とした複合施設を計画する。図書館機能の他に、元々有していた児童館と市内大学連携機能を加える。

呉服
河積空間を利用した、市民を川に導く橋。現在空き地となっている呉服河戸の場所は、川を感じられる場所である。この地を利用し、柿川への抜け道を計画。4本から構成される遊歩道は見る・佇む・渡るの機能を有す。

新川
象徴的な三角形の公園は、埋め立てにより姿を消した新川が、道路線形に残した痕跡である。歴史を現代的に可視化させたフォリーは新川を想起させる。

STAGE. 3 expanding
公民連携プロジェクト

互尊文庫
NPOなどが河川イベント等をプロデュースする拠点。持続的な存続要請を受け、大規模リノベーションにより市民の活動拠点となり続ける。アトリウム空間が外部とのバッファー空間となり、人々が集う交流の場として機能する。

親水防災公園
旧長岡市役所庁舎（柳原分庁舎）の跡地。河川に対する敷地形状に特徴があり、この地の緑化から護岸形状操作、更に防災地下ピットの整備と防災展示施設へ展開していく。

平潟商業地域
親水防災公園同様、河川が生み出す特徴的な敷地形状を持ち、柳原エリアのプロジェクト展開に呼応して、商業・オフィス等の複合施設展開の場として人工的な親水空間を整備する河川空間の対比を提案する。

信濃川　太田川　柿川　長岡駅

着目したのは都市河川・柿川。長岡の街の盛衰は柿川の都市河川としての役割の大きさに比例してきたのではないか。今、改めてこの都市河川を起点とし、街の未来を構想する意味はそこにある。そしてそこに行われるアクションは常に市民意識と双方向であるべきだろう。市民意識の展開とプロジェクトの展開を関連づけるストーリー構築が本計画の骨子である。
街の近代建築遺産であり、解体の危機にある図書館（互尊文庫）をこの計画を進めるNPOの拠点として想定し、このNPOが柿川と市民を結ぶ

小規模な活動を始める。市民の関心を呼ぶことで活動の規模は拡大し、公共性をもつ建築プロジェクトへと発展していく様をシミュレートする。シミュレーションの過程で選定された6つのプロジェクトを計画し、進行していく。ここで考えるまちづくりのサイクルはリピート性をもち、川から街全体へと展開していくことが期待される。中小都市河川・柿川から発し、長岡の街の未来を構想するプロジェクトである。

選定エリア：新潟県長岡市中心市街地

1673年 「長岡の古地図」より

プロジェクト概要

大河・信濃川が流れる新潟県長岡市。信濃川に合流する柿川は古からこの地を流れ続けている。長岡藩時代には城の外堀として、又産業を繋ぐ交通河川として街の発展を支える都市河川の役割を担ってきた。しかしその後度重なる氾濫が起き、対策として護岸整備等が行われた。自然要素が減った川に市民の関心は薄れ都市河川としての柿川の存在感が失われつつある。

地方都市の例にもれず、長岡の街も中心市街地の空疎化が進んでいる。都市河川としての柿川は、再発見されるべき都市資源である。そこに着目し、柿川を起点とした段階的な街づくりを構想する。

街の近代建築遺産であり、解体の危機にある図書館（互尊文庫）をこの計画を進めるNPOの拠点に想定し、このNPOが柿川と市民を結ぶ小規模な活動を始める。市民の関心を呼ぶことで活動の規模は拡大し、公共性をもつ建築プロジェクトへと発展していく様をシミュレートする。このサイクルはリピート性をもち、川から街全体へと展開していくことが期待される。都市河川柿川から発し、長岡の街の未来を構想するプロジェクトである。

STAGE1	STAGE2	STAGE3
市民に川の存在を認知してもらう興味関心の獲得を目標	NPO設立、STAGE1を更に継続・発展規模を拡大し、やや長期的な取り組みに。建築遺産互尊文庫を活動拠点にする	NPOの活動が大きな計画になる防災強化の為の地下ピット導入公民連携の建築計画の始動

STAGE1～3の流れは新たなシードを生み、継続的な展開が街へ広がっていく。常にSTAGEが順番に進むとは限らず、STAGEがSTAGEを呼ぶ連鎖が何度も繰り返され、街は息づいていく。

柿川に対し、イベントの実施やベンチ等の設置を行い、市民が気軽に立ち寄れ参加できる計画をする。
示した3つはこの計画の一部で、足を止めることができ柿川の良さを再認識することができる。

STAGE. 1 absorbing
川への関心の誘引

始めに、護岸や川沿い周辺を調査し、人々の興味関心を得るための活動ができる可能性のある所を一つ一つ探し出す。ここでは、それぞれの場所で行える小規模で仮設的なイベントや活動を一部紹介し、計画を進めていく。
ひとつは河積空間。河積内で人々が川と触れ合えることのできる様なイベントを開催する。河積には人々が過ごすことのできる空間を新たに設置することは難しいが、イベントやストリートシートといった簡易ベンチ等、一時的なものを構想する。今までなかったものの出現や取り組みにより、人々は川へ向かう。そしてそれは、市民が川に近づくきっかけとなる。街の中に川が流れていることの再認識や、川沿いで過ごすことの関心へと繋がる。
次は空き地の利用。川沿いに存在している空き地を緑化し、公園とする計画。小規模だが、ある程度の期間は公園として街の中でも存在感を出す。空き地を緑化することで子供が外で遊ぶことも増え、生活の一部として溶け込みやすくなる。長岡は道路に囲まれた公園が多いが、川沿いの公園の出現により、幅広い年齢層の市民が柿川の存在を自然と認知し、川への愛着も増す。

光のイベント

空き地の公園化　ストリートシートの設置

更に川との接点が増えるような仕掛けへ。
STAGE1で公園となった空き地は護岸を変え親水公園となる。日常的に川沿いを利用するきっかけを。

STAGE. 2 growing
より日常的に川へ

STAGE1で紹介した一部を発展、加えて新たな活動が始まる。
柿川が大きく湾曲した位置に公園がある。流れの内側であるため、コンクリート護岸から自然護岸へと整備する。川と地面の高低差が大きく、直接的に関われない状態であったが、自然護岸にすることによって人々は川へ近づくことができ、生物物にとっても良い影響となる。柿川を見るだけでなく、触れることもできる親水公園へと発展する。
新たな取り組みとして、畑を利用する。柿川沿いには畑が多数存在しており、それらを集結することで中規模な畑を作る。点在していた畑だが、まとめることにより栽培する人も集まってくる。生活の中で川沿いを利用するきっかけとなると共に、市民同士の交流の場ともなる。交流だけでなく、個人の居場所になる可能性も秘めている。
柿川沿いには幾つもの空き地があり、それには公園にも宅地にもできない小さな土地がある。そういった土地利用の可能性として、展望デッキを計画する。柿川沿いに路面駐車されていることが多い長岡だが、デッキ等に積極的に関われる場を設け、市民が川に訪れる機会を増やす。柿川が心を落ち着かせたり、お気に入りの場所になったりすることで柿川が生活の当たり前となる。

公園沿いの護岸整備

畑の設置

展望デッキの設置

公民連携による 街の輪	各個貯水 - 地下ピットによる防災の輪 -	NPO・青年会議所で結ぶ 市民の輪

市民の手によって散発的に展開されてきた小規模な親水プロジェクトが、公共の力が加わり、防災地下ピットの導入と共に中・大規模のパブリックな建築プロジェクトへと発展していく。市民の川への愛着から新たな価値を付加した公民連携プロジェクトへの発展。長岡市民の一体化が、まちづくりの基盤となる。
『つながる、街の輪』

河川の防災機能を高めるため河川周辺に貯水機能を点在させる計画。柿川流域の増水だけではなく、信濃川上流域の反乱時にも信濃川の一部を引き込み、一時的に貯水することにより、信濃川の急激な水位上昇を防ぐ。新築される大型建築物や一般住居など、大小様々な建築の一つ一つが貯水機能を持つことにより河川と共に暮らす街としての保水量を増加していく。
『ひろがる、防災の輪』

市民と密接に関わりながら活動を広げるために、NPOや青年会議所を巻き込み、まちづくりを進めていく。近代建築遺産であり現在解体の危機にある互尊文庫建築を存続させ運営していくNPOを立ち上げる。同時に市内に多く存在するNPOの力を結集し、市民の意識を川へ導く様々なプロジェクトを実行する。市民の愛着が繋がっていく。
『むすぶ、市民の輪』

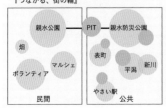

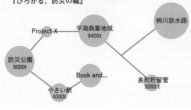

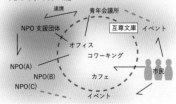

湾岸のEXPRESSION MOVEMENT
－芸術と生活を繋ぎ、表現のあり方を追求する芸術解放拠点－

早稲田大学
創造理工学部
建築学科
古谷＋藤井研究室

徳田 華 Hana Tokuda ［学部4年］
山川 冴子 Saeko Yamakawa ［学部4年］
吉沼 優花 Yuka Yoshinuma ［学部4年］

■5つのスケールにおける、芸術と生活を結びつける計画

XL 内陸の文脈を東京湾沿いに表出させる

東京圏という広い範囲から、川が地形を追い、流域圏特有の特徴を東京湾に表出させることを目的とし、各流域圏にふさわしい文脈を東京湾の沿岸に表出させることで、東京圏の集約を示した景観を作りあげる。

L 隅田川沿いの文化の終着点として月島を位置付ける

東京湾に流れ込む川でも、隅田川は芸術の文脈が強い地域である。多くの文化を保持する川越から始まり、美術館の多い上野など、芸術空間を連ね東京湾に流れ込む。その河口部に芸術を強化するための地域を表出させることで、隅田川が運ぶ芸術と連なる埋め立て地域に変貌させる。

M 牛華と切り離された月島に新たな役割を与える

月島はその埋め立ての歴史から、3地域に分けることができる。タワーマンションがたつ居住区、工業の名残が残る地域、繋がりのない水産加工場に分離した。そこで、本提案により隅田川の文脈から芸術を用いて、月島を芸術に彩られる地域とする。月島の先端を「芸術解放地域」とすることで、周囲の倉庫のリノベーションによる制作の場の普及、古い商店街の活性化などが期待できる。

S 防災船着き場を拠点として芸術解放区を設計する

東京港防災船着場に指定されているものの、月島埠頭はそれ以外の使用用途がなく、人々が立ち入ることはない。防災船着場としての月島埠頭に芸術活動の拠点となる、芸術解放区を設置することで、人々の営みが生まれることを期待する。

防災船着き場の拡大する機能

輸送基地　SCU　緊急倉庫　地域内輸送拠点　避難所　大規模災害拠点

■芸術解放区における、芸術の景観をつくるための計画

Phase 1｜アーチをかける

隅田川流域圏には、埋立地のうつりかわりと共に、新たな陸と孤島を繋ぐ土木的な橋が同時に架けられている。時代によって橋はその形態をかえ、新しい姿となる。
そこで、私たちは新たな時代における土木的側面を持つ建築を設計する。

月島埠頭の先端に位置している対象敷地は、隅田川からの流れの中での景観、また月島内陸からの景観の2つを持ち合わせている。これらは川側からの視点と陸側からの視点の交差により生まれるものであり、双方の連続性が景観となる。双方からの視点の交差を繋ぐ工業的側面を持つアーチを設計する。

Phase 2｜交差させる

地域住民の生活と表現者による創造行為、また芸術作品の物流を空間内で交わらせる。
X字の床は、間仕切りの必要がなく、意図的に異なる機能を同空間内に配置することができ、モノや人のあらゆるうごきを視認することができる。

同空間内に存在する様々なうごき

Phase 3｜表現の象徴のゲートとなるA型のトラス構造で支える

両端に立地している既存建築を緩やかに結ぶ高さ方向を基準とし、建築自体を支える構造とする。Y軸方向に広がったトラスは、東京湾岸における表現の象徴となるゲートとして、芸術を迎え入れ、支え、また発信していく。

TOP GL+3200
TOP GL+3800

側面の高さ方向の決定

Phase 4：多様な表現に見合う床面の規定

床面を繰り返し積層させる

帯状の床面交差させながら折りたたむように積層させる

2F 相当の高さ
側面での空間拡充

立体的に相互の存在を把握

日本において芸術とは多様な価値の中で、あらゆる隔たりを超えて楽しまれてきた。一方で、現代日本における芸術の価値とは、価値が決められた状態が一般的に普及している。また本来表現をする場として規定されている美術館でさえも、昨今では完全に機能しているとは言い難い。自らが表現者として街に出た時に、都市の中に開かれた表現の場の少なさ、さらに表現者を制限するような多くの規制などを強く感じ、表現者のための芸術の拠点や場を探求したいと考えた。本計画では東京湾岸の芸術文化の名残を持つ隅田川の末端である月島地区に、芸術に基づくあらゆる活動の拠点となる場を提案し、日本における新しい表現のあり方を探求する端緒となる場を設計する。敷地は東京湾の内湾に位置し、隅田川の末端でありながら埋め立てや再開発によって更新されてきた「月島」とする。この建築は、芸術家を招致し、作品を創る場を持つ。その制作過程を可視化することで、芸術家同士の交流や、市民の芸術への興味の増長増加を促進させる。芸術解放区の設置により表現者たちが作品を多く作り出したり、表現者そのものが増えていくことで、日本における芸術の価値や、その扱われ方を社会全体で考えていくきっかけとなる。

選定エリア：東京都中央区月島

XS 芸術解放拠点における、表現と暮らしを結びつけるための計画

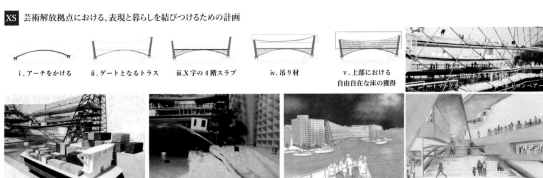

i．アーチをかける　ii．ゲートとなるトラス　iii．X字の4階スラブ　iv．吊り材　v．上部における自由自在な床の獲得

海外からの多くの作品は海を渡って月島埠頭へ　　人々は清澄通りから歩いて建築へ　　隅田川からの芸術文化を巡る船が建築をくぐり芸術解放拠点へ　　大階段から臨む多様な表現

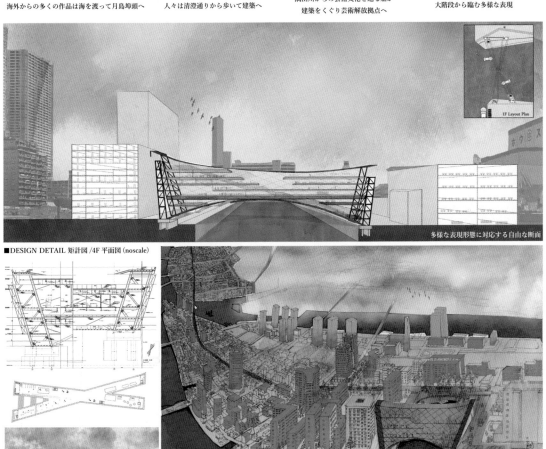

多様な表現形態に対応する自由な断面

■DESIGN DETAIL 矩計図 /4F 平面図 (noscale)

芸術表現を迎え入れ発信するゲート

月島埠頭から拡がる芸術のムーブメント

あわいを廻る

千葉大学
工学部
建築学科
柳澤研究室

清水 絹予 Kinuyo Shimizu ［学部4年］

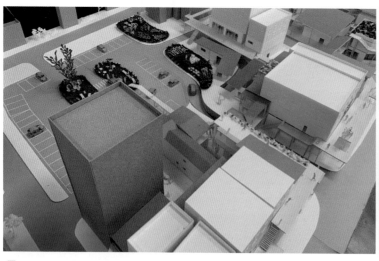

■ 提案

現状：中心市街地の偏った再開発・車社会の進展・商店街自体の魅力の欠落により商店街が衰退 今や人々の繋がりが失われかけている

→ 大規模開発へのアンチテーゼとして、既存の躯体の減築と新たな動線配置によって、店と人、人と人との繋がりの輪を再興する

Method 1　商店街に「間」を生む

a. 吹き抜け型　　b. 路地型　　c. 窪み型

d. 外殻残し　　e. 店舗貫通型　　f. 解体

Method 2　掛け合わせる

間 × 生業　　間 × 地域性

間 × 車の動線

Method 3　加える

民家→ゲストハウス　　花屋

直売所　　シェアキッチン

長岡野菜の栽培

情報発信局

etc...

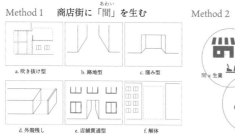

空き店舗部分を対象に解体、数店舗ごとに減築し動線を計画

余白に対して店舗の開口部を設け、人と車の動線を通す

表裏を繋ぐように新築物を配置し、既存 - 新築部への人の流れを生む

建物の間を縫うようデッキを設け、回遊性と商店街の一体感を高める

▢ 解体　　■ 減築　　← 人動線　　← 車動線　　■ 新築・更新部分　　— デッキ (2F)

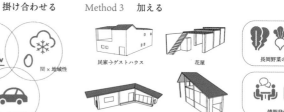

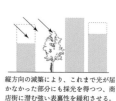

縦方向の減築により、これまで光が届かなかった部分にも採光を得つつ、商店街に潜む強い表裏性を緩和させる。

これまで裏側であった東側に多く屋根を設け、商店街内部へと人を引き込む。

中心市街地再開発の流れの中で、退廃的な存在となった商店街。車社会化の流れに押され、対象敷地であるスズラン通商店街は4車線道路と駐車場に挟まれた、線的な印象の強い商店街になってしまった。また、空き店舗が増えたことによって商店街への入りにくさが強まり、活気も失われている。

そこで、既存の躯体を活かしながらも減築と新たな動線配置によって商店街を面的に街区へと拡張し、人の流れを生みながら活気の失われた商店街を人と商いを結びつける場として再興する。また、市街地再開発によって失われた地域性を補うよう「雁木」をモチーフとしたデッキを商店街に廻らせることで個々の店舗を紡ぎつつ、街区内に減築部〜新設部のグラデーションを作る。

この場所が長岡の中心市街地活性化の起点となり、水面波が広がっていくように商店街は再び市民の生活の中心として息づいてゆく。

選定エリア：新潟県長岡市 スズラン通商店街＋街区

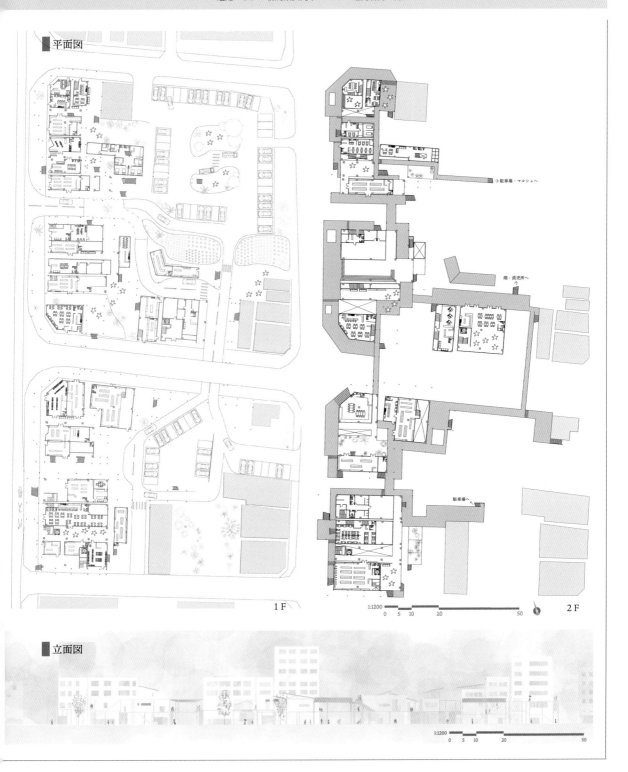

■ 平面図

1 F

2 F

→駐車場・マルシェへ

畑・直売所へ
↑

駐車場へ

1:1200
0　5　10　　20　　　　　　50

■ 立面図

1:1200
0　　5　　10　　　20　　　　　　　50

145

小豆島の港 ⇄ 湊
瀬戸内のサーキュレーション

- 大阪市立大学大学院
- 生活科学研究科
- 居住環境学専攻
- 中野研究室

中上 貴也 Takaya Nakaue ［修士1年］
森 風香 Fuka Mori ［学部3年］
山本 晴菜 Haruna Yamamoto ［学部3年］

- 中間領域の人々 -

島には「島民」「観光客」「中間領域の人々」の3種類の滞在する人々に分類される。島民は、住むことで島へ刺激を与え、観光客は、訪れることで島から刺激を受け、中間領域の人々は、島と外を行き来することで、生活者として島へ刺激を与え、島の外の人として刺激を受ける関係を持つ。これは、島民と観光客の両方の素質を少しずつ合わせ持った存在であり、小豆島の問題を解決する可能性を持っているのではないか。

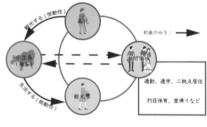

- 世界をつなぐ -

オーバーツーリズムの解消、安定した観光収容能力、交通の利便性の向上を目的としたHUB港を島の中心エリアに計画する。国際的な航路が小豆島への直接の来島を可能にすると同時に、国内線も小豆島への直接の来島を可能にする。これは、直接の来島が可能になったことによって、二拠点居住や他の島への移動をより円滑にすることができる。

世界をつなぐHUB港は、多様な観光客を受け入れるような緩やかな流線形の配置計画を行い、瀬戸内海の島々が連なる美しい様である「多島美」を形に落とし込んだ。国際貿易港としての機能、歩行者動線の配慮、島内・瀬戸内全体の情報集積サーバー施設を計画することで、瀬戸内国際芸術祭の過密な流動性に対応することができる。

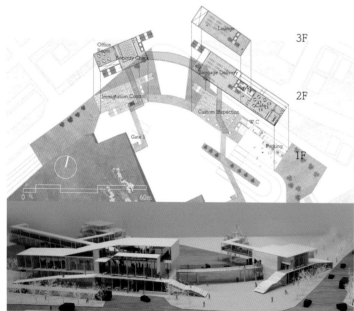

岡山県と香川県の中央に浮かぶ小豆島には「島内格差を生んでしまったこと」「瀬戸内国際芸術祭によってオーバーツーリズムを招いてしまったこと」の2つの課題が顕著に現れている。これらの問題を解決するために小豆島を一つのハブ港とし、隠れていた中間領域の人々を活用していくことが重要であると考えた。自動車の発達によって、利便性の高い南のエリアに生活の拠点が集中し、集落間格差や過疎化を生んだ。同時に船は一部の港と航路に限定されるという事態に陥り、周辺に位置する他の島々とのアクセスも分断されてしまった。そこで、観光客や島民と

異なり、島の中と外を行ったり来たりし、通勤や通学、二拠点居住をするような人たちを「中間領域の人々」と定義する。彼らが瀬戸内の媒介者として行き来をすることで、島の中と外、他の島とのネットワークをつなぎ、瀬戸内全体を活性化させる可能性を秘めているのである。私たちは小豆島を「世界をつなぐ」「島の中をつなぐ」「瀬戸内をつなぐ」という一つの大きな港「ハブ港」として機能させ、瀬戸内の拠点として計画する。世界や島の中、瀬戸内全体をつないでいくことが離島の未来につながっていくのではないか。

選定エリア：香川県 離島 小豆島

－ 島の中をつなぐ －

　塊村状集落の中に張り巡らされた細長い路地を共用の動線として見立て、点在する空き家、空き地を、民泊や音楽スタジオ、カフェといった活動の場に転用させる。また、湊から集落へ自然と観光客、中間領域の人々を引き込み、島民との偶発的な交流を促進させるように動線計画を行う。

　既存の建築物の構造を残し、各民家の屋根形状・勾配に呼応していくデザインルールに従いながら小さな湊から集落の中へ引き込むような共用空間を配置する。具体的にアトリエ、カフェ、音楽スタジオ、民泊等に空き家や未使用の居室を改修し、南北に偏りのない安定した観光資源を作っていくことで、限界集落に新たな風を吹き込む。これは、中間領域の人々が観光客や島民と交わっていくことで、小豆島がお互いに刺激を与え合う場として機能していく。また、観光客のキャパシティの拡大と新たな観光資源を集落の中に組み込み、ゆるやかに島民の生活と観光客の動線を分節させながら島の風土に溶け込ませる。

－ 瀬戸内をつなぐ －

　小さな集落の湊や他の島の湊とつなぐために漁師や船舶免許を有する人々によって、分断された航路を柔軟な海上ネットワークへ変えていく。瀬戸内全体をつなぐことは航路、本数、時刻の制限から脱却され、小豆島内外の移動をより円滑にする。また島の漁師を中心に配船システムを構築し、中間領域の船舶免許を持つ人々の新たな活躍の場をつくる。これは四国、本州を介さず、離島に直接行くことも可能となる。瀬戸内の島を巡る観光の拠点として、小豆島の観光力を上げるだけでなく、島民の郷土意識を再確認する場にもつながる。

　世界や島の中、瀬戸内全体をひとつの輪のようにつないでいくことが離島の未来につながっていくのではないだろうか。

包み、和える。

博多の食がつむぐ包容と調和のコモンズ

東京大学
工学部
都市工学科
都市デザイン研究室

河崎 篤史 Atsushi Kawasaki [学部4年]

BACKGROUND

今日日本ではグローバル化に伴い来日する外国人労働者が増加している。彼らは人口減少・高齢社会の日本において飲食業をはじめとして貴重な労働力となっている。一方で彼らの劣悪な居住・労働環境は社会問題となり、言語や文化の違いから日本人との対立も生じている。

THEME

そこで私は博多の一つのポテンシャルであり、国境や文化を超えた営み、non-verbal communicationとも言える「食」に着目した。「食」を通じたアクティビティによってグローバルとローカルの両方が包容され、相互の魅力を引き出し合い調和するコモンズを提案する。

HISTORICAL CONTEXT

博多はそのアジアとの近さから古代から外国と交流し、外国人を受け入れ、同時に食文化が流入してきた都市である。中世、日本最初の禅宗寺院としてつくられた聖福寺は外交の拠点となり、聖福寺と海を結ぶ都市軸「伽藍中軸線」に沿って町が形成された。その後現代に至るまで聖福寺は包容の中心としての役割を担ってきた。

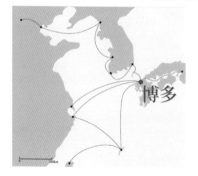

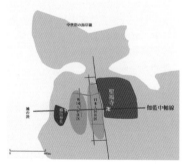

CIRCULATION

町に点在するヴォイドをコモンズと読み替える。各コモンズ間で短期的・長期的な人の動きが生じ、その循環は博多全体へと拡張されていく。

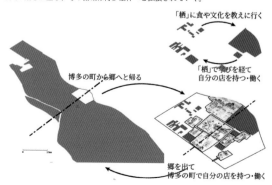

DESIGN LANGUAGE

アジアにおける共同空間を調査し、分析した。抽出された空間要素と「食」のアクティビティを掛け合わせることで新しいコモンズが形成される。

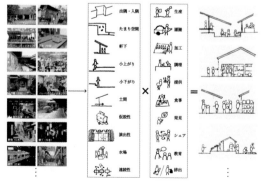

今日、グローバル化に伴い、東京オリンピック・パラリンピックをはじめ、多くの外国人が日本を訪れ、彼らとともにグローバルな生活・文化が一層流入してきている。

その一方で、ローカル側の受け入れ態勢が整っておらず、また言語や文化の壁からグローバルとローカルが乖離している。そこで私は国境や言語を超えた営みである「食」に着目し、アジアに近接し豊かな食文化を有する博多にて、グローバルとローカルの両方を包容し、相互の魅力を引き出し合い調和するコモンズを提案する。歴史的に博多の包容の中心

であった禅寺・聖福寺とその塔頭が存在する博多区御供所町にて、都市開発の結果生まれたヴォイドを外部からの変化を受け入れていく余地と考えた。現在ある塔頭跡地について、食に時間をかけることで食の大切さ・ありがたさ・多様さを学ぶ、多国籍の人々が集まって暮らす場として計画する。そこでは食のアクティビティを誘発するフード・コアを配置し、生まれるアクティビティと動線の交錯によって形成される余白の領域を、食を通じた交流・学びが生まれるコモンズとして計画する。それらのコモンズにて多国籍の人々が包容され、調和する。

選定エリア：福岡県福岡市博多区御供所町

DESIGN PROCESS & SITE PLAN

COMMONS
動線が交錯し新たな発見・学びが生まれるコモンズ

HUMAN CIRCULATION
機能を回遊する生活動線

FOOD CIRCULATION
フード・コア間の食の動線

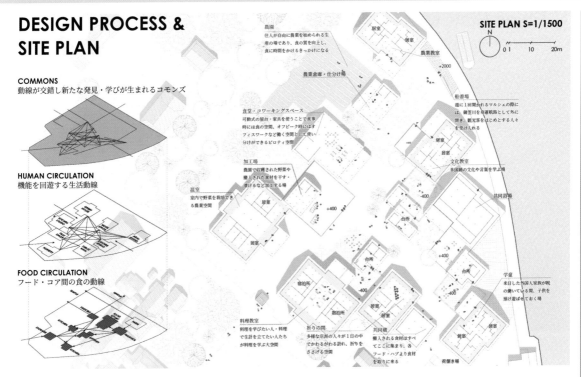

SCENES OF COMMONS

本来屋内にあった「食」に関わる機能をフード・コアとして母屋の外部空間に計画し、建物間で生活動線、食の動線が交錯する余白の領域が包容と調和のコモンズとなる。コモンズでは料理や食事といった「食」にかかわるアクティビティのにじみ出しだけでなく、それを通じたくつろぎや生活のにじみ出し、他文化の発見や学びが生まれる。

多様なアクティビティが生まれるコモンズ

詳細計画地割柄

あいまいな中間領域

縁側からアクティビティを見渡す

エートスのための食卓
－42の字が謳う郷土国家－

早稲田大学　渡邊研究室
創造理工学部　後藤研究室
建築学科

鈴木 新　Arata Suzuki［学部4年］
泉川 時　Toki Izumikawa［学部4年］

1. Ethos-State Model

1. 郷土国家モデルの設計

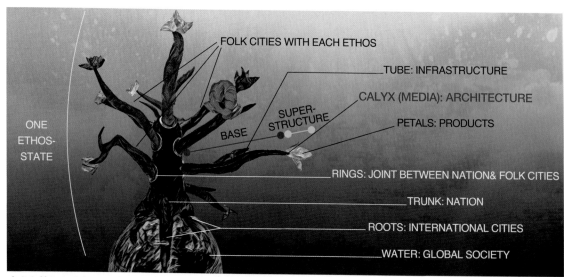

FOLK CITIES WITH EACH ETHOS

TUBE: INFRASTRUCTURE

CALYX (MEDIA): ARCHITECTURE

SUPER-STRUCTURE

BASE

PETALS: PRODUCTS

ONE ETHOS-STATE

RINGS: JOINT BETWEEN NATION& FOLK CITIES

TRUNK: NATION

ROOTS: INTERNATIONAL CITIES

WATER: GLOBAL SOCIETY

大きな幹となるネーションが、自律した郷土の枝の花を咲かす構造。地表の郷土都市とは無関係に国際都市が地球の球体の中でグローバルソサエティを動すことで、適疎な営みを可能にする。

2. Architectural Proposal

2. 建築的提案

Phase I. Design of Base & Superstructure

A.　最下部：新たな公共交通の提案

B.　最上部：42集落の壺のデザイン

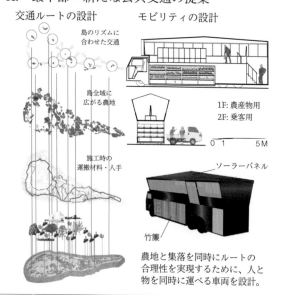

交通ルートの設計

モビリティの設計

島のリズムに合わせた交通

島全域に広がる農地

施工時の運搬材料・人手

1F：農産物用
2F：乗客用

0　1　　　　5M

ソーラーパネル

竹簾

農地と集落を同時にルートの合理性を実現するために、人と物を同時に運べる車両を設計。

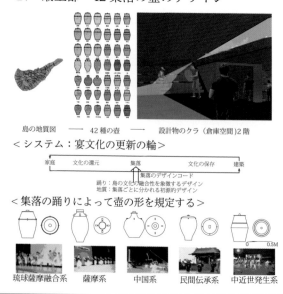

島の地質図　　　── 42種の壺　　── 設計物のクラ（倉庫空間）2 階

＜システム：宴文化の更新の輪＞

家庭　文化の還元　集落　文化の保存　建築

集落のデザインコード
踊り：島の文化の融合性を象徴するデザイン
地質：集落ごとに分かれる初源的デザイン

＜集落の踊りによって壺の形を規定する＞

0　　　0.5M

琉球薩摩融合系　　薩摩系　　中国系　　民間伝承系　　中近世発生系

我々は「"エートス"を獲得した自律的な村」を模索している。本計画では、第一節として新しい国家の在り方を、第二節としてその国家モデルを実現に導くために、奄美群島の沖永良部島を取り上げ、島民のためのレストランを中心とした島の適疎なエコロジーを設計した。まず、現存の国家の多くが、消費主義的な合理性によって国全体を包んでいる。それ故、いくら郷土に根ざした暮らしを目指しても、現在の国家体系がそれを表層的にしている。そこで、郷土の本来あるべき姿に重きをおいて、国家と民俗が平面的な関係性で無く、木の幹と枝の関係としてある

"郷土国家"を定義した。これにより、世界経済を動かす国際都市と、下部構造から上部構造までの全てが"エートス（民俗に基づく行動規範）"に従う民俗都市を一つの国家内で併存可能にする。そして、現代の都市を遷移させるには、体系の更新と文化の保存を同時に行わなければいけない。故に、体系の発端である下部構造と文化を翻訳する上部構造の両端から設計を始めその二方向からの要求を建築が共存させるといった設計手法を発明し、公共交通（最下部）と壺（最上部）を接続する食卓（建築）において実践した。

選定エリア：鹿児島県沖永良部島

Phase II. Restaurant mediating between Base & Superstructure

1.『エートスの知る辺』。島民が日常的に行う宴が、行幸時はもてなしの催事として機能する。
2.軒裏に表出する 42 字　　3.建築の全貌

ウムティ（食事空間）
　6つの異なる風によって食事空間が分かれ、シェフは料理の口承によって島の美学を紡ぐ。

1.エントランス（車寄せ）　4.クラ（倉庫空間）
2.ウムティ（食事空間）　　a.山の幸のクラ
3.トーグラ（調理空間）　　b.水のクラ
　　　　　　　　　　　　　c.海の幸のクラ
　　　　　　　　　　　　5.桟橋

配置図

0　　5　　10M　断面詳細図

壺、クラ、トーグラの関係

トーグラ（調理空間）
　クラ上部の保存食が主食、主菜、副菜、汁物、甘味の5つのメニューによって引かれた動線で調理されていく。立体的な空間構成が最新の調理器と島伝統の調理器具の双方の利用を可能にしている。

A-A'断面　断面模型

151

滴　広がる輪

福井工業大学
環境情報学部
デザイン学科
三寺研究室

向井 菜々 Nana Mukai ［学部3年］

水面に落ちた滴は、輪を描いて広がる。まちにも滴が落ちれば、様々な輪が広がるのではないか。まちの入り口である駅周辺に滴の落ちる場を提供する。そこから、まちに輪が広がればいいな。モノ・コト・ヒトの輪が…

01　歴史と文化と誇りのあるまち

福井県坂井市三国町三国駅周辺地区　約 8,000 ㎡

三国駅の背後には丘陵地、目前には帯状に広がる三国湊の街並み、その先には海につながる九頭竜川が広がる。

三国はかつて江戸から明治時代にかけては北前船の寄港地として、日本有数の湊町として栄えた。

当時の古い街並みが現在も残っており、まちを歩くだけで歴史と文化が感じられる。

最近では、使われなくなった空き家を改修して若者向けの店舗にリノベーションされている。

まちの人は自分たちのまちに誇りを持っていて、観光ガイドなどをボランティアで行っている。

■調査から分かったこと

①住民がまちに愛着を持っている
ボランティアガイドさんをはじめ、住民の方にお話を聞くと、どの方も自分のまちのことをよく知っていた。中には引き札についての貴重なお話をしてくださった方もいた。

②ハレの日は世界から多くの人が訪れる
北陸三大祭りの1つである三国祭にはまだ参加できていないが、住民の方のお話によると、世界中からお客さんが訪問し、祭りに参加するとのこと。今年は必ず行こうと思わせる楽しいお話が聞けた。

③歩きたくなるまち
昔からの町家が多く残る。車や自転車での移動がもったいないくらいだ。ゆったりとした穏やかな空間は歩いていて気持ちがいい。

02　三国の抱える課題

■鉄道による南北分断

■人通りの少ない三国駅周辺

■点在する駐車場・空き家

水面に落ちた滴は、波紋となり輪を描いて広がる。まちにも滴が落ちれば、様々な輪が広がるのではないか。計画敷地である福井県坂井市三国町のまちの課題を3つ取り上げる。鉄道によるまちの南北分断、駅周辺の歩行者の少なさ、まちなかに点在する駐車場と空き家。これらを解決してくれるのは、様々な分野に興味を持つ価値観の高いアーティストである滴。かつて北前船の寄港地であった三国にはハマの文化が根付いており、外からの文化や様式を取り入れてきた。そんな三国に想像力豊かなアーティストたちが活動の輪を広げてくれたら、他にはない新しいコ

ミュニティが生まれ、まち全体に様々な輪が広がる。そこで、まちの入り口である駅周辺に滴の活動の場を提供する。そこから点在する駐車場や空き家に活動のしぶきを飛ばし、まち全体に賑わいの輪が広がる。提案する施設では、滴が活動や生活をする場とともに住民の方も気軽に利用できるようまちにオープンな意匠とした。滴向けと住民向けの要素を組み合わせて配置することで、滴と住民が自然と交流し、お互いが刺激を受けあう場となっている。この場を起点として、滴が活動し、その活動がまちに広がっていくことを願う。

選定エリア：福井県坂井市三国町三国駅周辺

03 まちのキーマン "滴"

三国の課題を解決する鍵となるのは、価値観の高いアーティスト。彼らを"滴"と呼ぶ。かつて寄港地であった三国にはハマの文化が根付いていて、外からの文化や様式を取り入れてきた。そんな三国に想像力豊かなアーティストたちが活動の輪を広げてくれたら、他にはない新しいコミュニティが生まれ、まち全体に様々な輪が広がる。

ペルソナ設定を行い、滴を具体化する。

軸に沿ってそれぞれアーティストの特徴を抑え、ペルソナを設定した。

縦軸：アーティストの性格
・キャリア形成をする人
・生き方そのものがアーティストの人

横軸：男女別

起業家

男性 —— —— 女性

良い意味で世捨て人

04 "滴"がまちへ

■モチーフ

葉から落ちる滴と水面に広がる波紋

■システムの流れ
①たまるもの　ネットで滴を募集、資金集め

 経験を積んだアーティスト
 ネットで呼びかけてクラウドファンディング

②滴　葉にたまり、大きくなった滴

 三国に降り立ったアーティスト　ショップ・イベント・まち歩き　宿泊・教室・交流
 クラウドファンディングでの集金　活動・リノベ・イベント　施設管理、維持

③水着点　第1フェーズとして活動をする場を提供する。
・ショートステイ　　・店の疑似体験
・憩いの場　　　　　・コミュニティの場

駅周辺に置くことでまちの入り口に活気を生み出す。

④しぶき　第2フェーズとして駐車場と空き家を利用する。

駐車場　イベント・バー
個人でショップを出したり、団体でカフェやバーをする。

空き家　住居・本店
三国のまちが好きになった人に住んでもらう。

落ちた滴と飛んだしぶきは、まちに波紋を広げる。

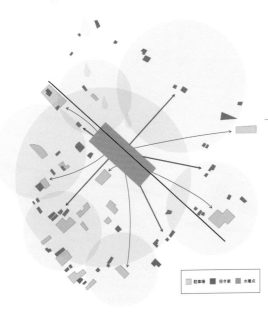

駐車場　空き家　水着点

05 波紋ダイアグラム

アーティスト向けと住民向けの要素を水着点に置くことで、まちへ持ち帰り様々な輪が広がる。

 アトリエ×マッチング
 キッチン×ホール
 オフィス×ライブラリー
 スタジオ×ギャラリー

⇓

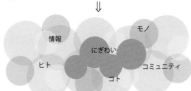

情報　モノ
にぎわい
ヒト　コミュニティ
コト

さらに、ぎゅっとくっつけることで多くの人が集まり、より多くの輪がまちへと広がる。

のぞむ文化の結節点
−文化循環の輪による記憶の共有−

早稲田大学
創造理工学部
建築学科
小林研究室

棚田 有登 Yuto Tanada ［学部4年］

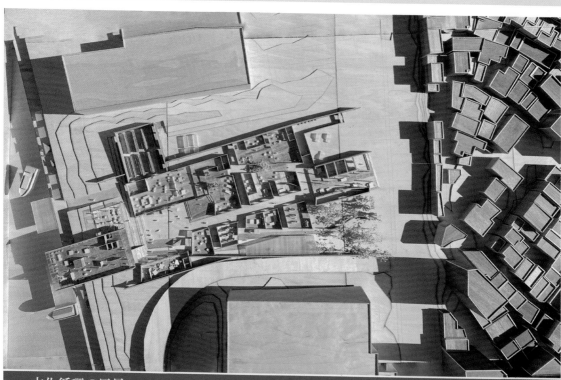

文化循環の風景

住宅地側の玄関となる ARCHIVE 棟に入る。
アート活動や創作物などの展示と共に
神社の祭礼動線を引き込んだ参道を臨む。

参道から広場を臨む。CREATE 棟の
創作物や地域の工芸品を市場で共有する。

LEARNING 棟に入る。
図書やレクチャーを介した学習による
文化共有が学びの庭に滲み出る。

広場から CREATE 棟の創作の庭を臨む。
庭や広場での行為は路地を介して繋がる。

OBSERVATORY 棟、文化の循環を臨む展望台。
向島観光情報センターを抜け、街へ繰り出す。

河川から本計画を臨む。
向島の文化は計画を通して水際へ拡がる。
この場所が新しい街の玄関となる。

モビリティの発展と共に我々の都市生活は外部への「急いだ移動」に強く依存するようになり、駅圏中心の均質な生活を強いられている。敷地は墨田区東向島の隅田川沿い。向島地区は過去から現在に至るまで複雑な背景が重なる地域である。
・大衆文化の集積地として交通の軸や盛り場などが自然発生的に展開していた河川の歴史
・衰退化したが、まちづくりの一環として残る工業地帯のものづくり技術
・価値観の変容からタブー化された赤線地帯であった過去

・現在興りつつある、若者中心のアート活動によるまちづくり
・路地空間が祝祭やコミュニティの場として機能する木造住宅密集地の慣習性。
これらの地域が歩んできた歴史、技術、慣習はそれぞれ小さな独立系として存在している。これらを土地固有の文化財産として捉え、地域固有の「場所の記憶」という緩やかで大きな時間軸として循環させることで、生活景を紡いでいく街の駅を都市の裏側と化した水際に計画した。

選定エリア：東京都墨田区東向島、隅田川沿い

対象敷地の文化の痕跡と現在　　　　東京都墨田区東向島　　　　過去から現在に至るまで複雑な背景が重なる地域

【大衆文化の集積地としての河川の歴史】
【今も残る工業地帯のものづくり技術】
【タブー化された赤線地帯であった過去】
【若者中心のアート活動によるまちづくり】
【祭礼やコミュニティの場となる木密地の狭小の公共性】

白鬚神社
神社の祭礼である渡御は路地空間を通り、本敷地の目の前まで往来する。
この地区の旧住民と新住民を繋いでいる。

白鬚神社例大祭ほんまつり　　白鬚神社

私娼街として栄えた玉の井
当時の記憶は、密集した街の中を入り組んで通る細い街路の空間と小説や映画などの中に残っている。

濹東綺譚挿絵

若者を中心としたアート活動による新しいまちづくり
街中に分散する体験型のアートによるネットワーク

39アート in 向島
39 ART IN MUKOUJIMA

計画地
計画地は首都高と共に住宅地と隅田川を分断する倉庫街。
かつて、この地の風光明媚を最も堪能した大倉喜八郎氏の別荘地があった場所。

蔵春園

土地の記憶をクリアランスする駅圏の再開発
曳舟は駅を中心に大規模な再開発が行われた。公共施設も駅周辺に集められ、街の賑わいは駅圏に偏っている。

曳舟駅　京成曳舟駅

SCALE 1:15000　SITE

大衆文化の集積地として隅田川
東京の盛り場として語られる隅田川。
本敷地は、かつて堤防の内側であり、そこでは市場が展開され、多様な文化が共有されていた。

江戸時代の三社祭の船の渡御　　江戸時代の墨田堤

赤線地帯としての名残り
当時の娼家などの建物は時代と共に減っているが、狭い路地は残り、文学などを介し土地の記憶となっている。

娼の街が舞台の小説「原色の街」

木造住宅密集地における狭小の公共性
現在も地域の祭礼である渡御は路地空間で行われている。また、小さなオープンスペースなどでは防災を兼ねたコミュニティの構築がある。

防災小広場「路地尊」

分散型大学キャンパスによる地方再生
低未利用地を活用した大学誘致の提案

明治大学大学院
理工学研究科
建築都市学専攻 I-AUD
小林研究室

山田 拓矢　Takuya Yamada ［修士2年］

■ 大学によるPFIマネジメント

■ 地方と都心との国内留学

	1年		2.3.4年		大学院		就職
		Suwa		Tokyo		Suwa	Suwa
理系	機械工学科	— ×88	2クラス(44)	×36	6 研究室(6)		×15
	電気生命学科	— ×88	2クラス(44)	×36	6 研究室(6)		×15
文系	国際教養学科	×88	2クラス(44)	×18	3 研究室(6)		×5
	情報メディア学科	×88	2クラス(44)	×18	3 研究室(6)		×5

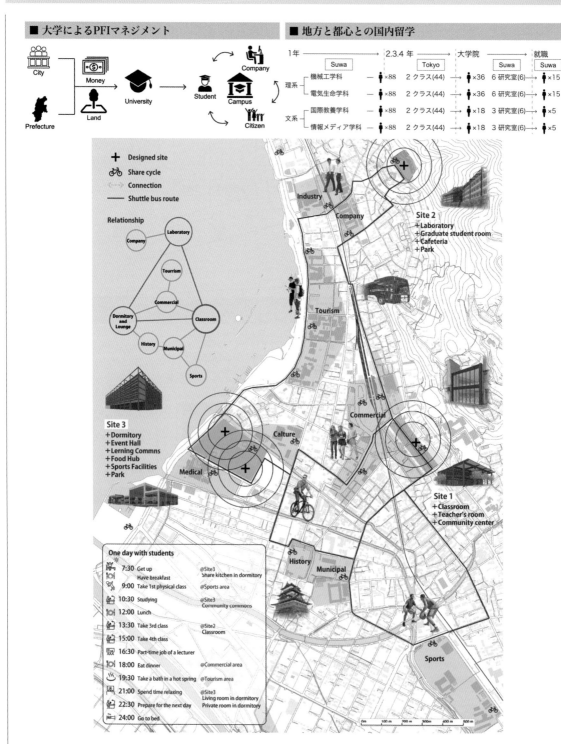

本提案では、大学誘致の推進にあたり、地方中都市における地域に開かれた大学キャンパスを提案する。地方中小都市や農山漁村において、過疎化による地域活力の低下が深刻であり、若い人材の確保、知識や情報等の活用、といった点で大学という存在は地域課題を解決できる可能性が高い。事前研究の中で、キャンパスの地域解放には、分散型キャンパス、地域住人との協働プロジェクト、企業と連携したカリキュラムの3つの手段があると分かった。これらを組み合わせて、地方都市でしか成り得ない学園都市を展開する。敷地は長野県諏訪市、セイコーエプソン本社を有する自然豊かな中都市である。地方特有の低未利用地を活用し誘致を促進する。商店街の空き店舗を教室に、廃校となった小学校を院生の研究棟に、廃工場をラウンジにコンバージョンし、空き地には学生寮を新設した。それぞれの敷地において周辺施設と相乗効果を生むカリキュラムとプログラムを設定し、市民と学生らが協働してキャンパス建設に携わることで地域に根差した大学キャンパスを実現する。

選定エリア：長野県諏訪市

Site 1. 商店街→教室＋コミュニティセンター

現在では、閉店した店舗が多い商店街。大通りの閉店した１１店舗を選出し、内8店舗を教室に、3店舗を講師控え室とする。通りの中心にはコミュニティーセンターを新設し、小中高生からお年寄りまでが集まるみんなのラウンジとなる。

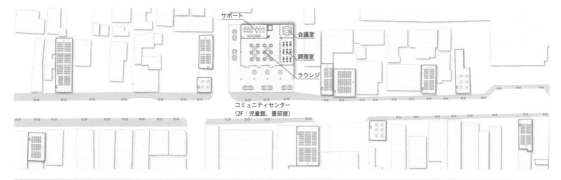

Site 2. 小学校→大学院生室＋実験棟

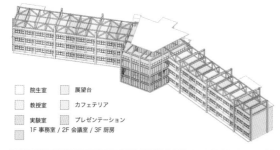

- 院生室
- 展望台
- 教授室
- カフェテリア
- 実験室
- プレゼンテーション
- 1F 事務室 / 2F 会議室 / 3F 厨房

廃校となった小学校。付近にセイコーエプソン本社があるため、大学院生棟と実験棟へコンバージョンし、共同研究など連携がしやすい環境を創る。校庭は公園として地域に解放し、内部には市民や社員も利用できるカフェを設ける。体育館は大空間を活用し、実験棟として生まれ変わる。

Site 3. 空き地→学生寮＋公園＋スポーツコート＋イベントホール/廃工場→ラーニングコモンズ＋フードハブ

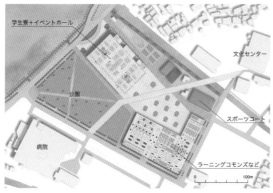

大病院と文化センターに挟まれた敷地で、大きなイベントが開催される廃工場がある。廃工場にはラーニングコモンズ、フードコート、地元特産品のマーケット、メディアセンターなどを挿入する。また、空き地には学生寮やスポーツ施設を新設し、様々な人々の交流拠点となる。

四国遍路と紡ぐ地域の学び舎

早稲田大学
創造理工学部
建築学科
小林研究室

兵頭 璃季 Riki Hyodo［学部3年］

敷地は愛媛県宇和島市三間町成妙小学校とその周辺である。周囲を山に囲まれ、農業で発達してきた町である。四国八十八ケ所巡礼のうち41ケ所目の龍光寺、42ケ所目の仏木寺が存在する町でもあり、1年を通して多くの遍路が訪れる。今回の敷地はその2つの中間地点に存在し、敷地西側を遍路道が通る。また、ここ10年で児童数は半数以上減少している。遍路道を敷地内に取り込んだ、地域のための学び舎を設計した。

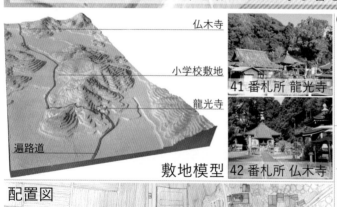

仏木寺
小学校敷地
龍光寺
遍路道

敷地模型

41 番札所 龍光寺
42 番札所 仏木寺

CONCEPT

四国八十八ケ所巡礼の一部として小学校を設計する。

PROGRAM

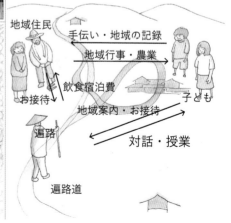

地域住民
手伝い・地域の記録
地域行事・農業
お接待
飲食宿泊費
地域案内・お接待
子ども
遍路
対話・授業
遍路道

配置図

「教室は子どもたちにとっての住まいであり、学校全体は都市である」という観点のもと小学校を設計した。敷地は愛媛県宇和島市の山間部にある私の出身小学校とその周辺である。小学校の全校児童はここ10年で半分近く減少し、地域によっては過疎化が進行している。また、四国八十八箇所遍路のうちの41番札所龍光寺、42番札所仏木寺が存在する町でもある。町内には遍路のための宿泊所や道しるべとなる看板や石碑などが点在し、笠をかぶり白衣を纏ったお遍路さんが歩いている光景を日常的に目にする。敷地である小学校はその2つの寺の中間地点に存在

し、敷地西側を遍路道が通る。これらの周辺環境を活かし、子どもたちだけのための小学校ではなく、地域のため、やってくる遍路のための「学び舎」としても設計した。計画には、遍路のための宿泊所、休憩所や食堂を取り入れ、遍路と子ども・地域住民の相互交流がおこることを目指した。また、地域住民から子どもが農業を学ぶ場や、自分たちの町の景色を見る視点場を設計した。地方における小学校の新しい形、また四国遍路の活性化のための提案である。

選定エリア：愛媛県宇和島市三間町

子どもたちだけのためではなく、地域のため、遍路のための「学び舎」として設計する。遍路の休憩施設、宿泊施設、インフォメーションを設ける。子ども達も施設の運営に携わる。小学生が学ぶだけでなく、教える側になる。農業を学ぶ教室や伝統行事を行う場も設計した。四国遍路は循環型の巡礼路である。四国遍路の拠点となる計画により地域活性化につながると考え、その1つの例として今回の建築を計画した。

椅子

踏台

段差部

本棚

インテリアデザイン

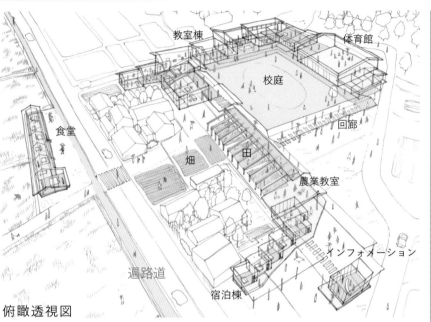

俯瞰透視図

教室棟

体育館

校庭

回廊

食堂

畑

田

農業教室

インフォメーション

遍路道

宿泊棟

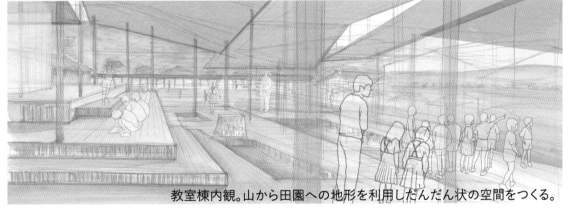

教室棟内観。山から田園への地形を利用しだんだん状の空間をつくる。

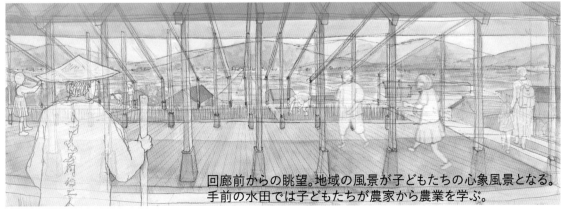

回廊前からの眺望。地域の風景が子どもたちの心象風景となる。
手前の水田では子どもたちが農家から農業を学ぶ。

URBAN NEST

九州大学
工学部
建築学科

平田 颯彦　Tatsuhiko Hirata［学部3年］　Wu Tianrong　［学部3年］
石本 大歩　Daiho Ishimoto［学部3年］
城戸 柊吾　Togo Kido［学部3年］
平松 雅章　Masaaki Hiramatsu［学部3年］

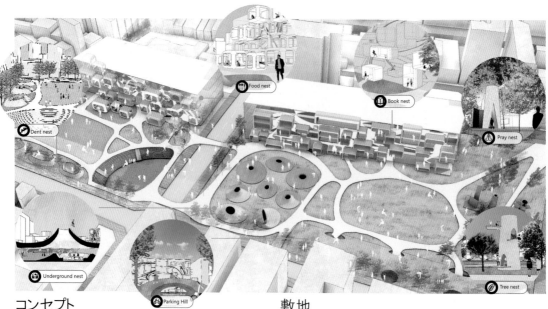

コンセプト

今回、アーバンネストという公と私のハイブリッド空間を公園の居場所として設計する。

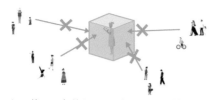

ネストの第一の条件として、領域感覚を持つものとする。無闇に不特定多数の他者から、干渉されず、安心してそこにいてもいいと思える私的空間の側面を持たせる。

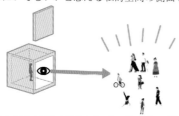

アーバンネストの第二条件として、他の人々が活動してる様子、パブリックライフの眺望が得られることとする。ヤンゲールや隠れ場眺望理論にもあるように、人々は他者のパブリックライフを見るために都市へ出る、ということを踏まえ、他者と同じ世界観を共有できる場所。ただ自宅やオフィスに籠るのではなく、他の人々の文化や活動、熱量を感じられるパブリックスペースの喜びを味わえる公的空間の側面を持つものとしてネストを設計する。

敷地

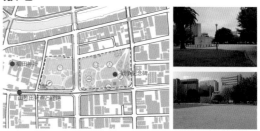

対象敷地である博多冷泉町は、土着的なコミュニティやビジネスパーソン、観光客など人の往来が多くパブリックスペースのニーズはあるが、公園を利用している人は少ない。公園の開放的すぎる環境に問題があると考えられる。

プログラム

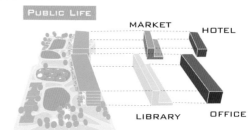

公園全体が一つの大きなネストとなるようにゾーニングする。建物の機能は敷地の商業的価値と公園の公共性を両立しながら、相互間のシナジーを生む四つを選定した。

公と私のハイブリッド空間：アーバンネストによる新しいパブリックライフの提案
領域感覚をもたらすことと他者と世界を共有する快楽を兼ね備える空間としてアーバンネストをデザインする。
完全に閉じた空間、完全に開かれた空間その両者で溢れる都市空間をネストによって補完する。
局所空間としてのネストだけでなく、公園全体が１つのネストのような居心地になるよう一体的にランドスケープやパブリックスペース、建物

の設計を行い敷地全体が包括的で快然たる居場所となるようデザインする。これは都市で過ごすあらゆる人へ幸せなパブリックライフを届ける提案である。

選定エリア：福岡県福岡市博多冷泉町

ネストの種類

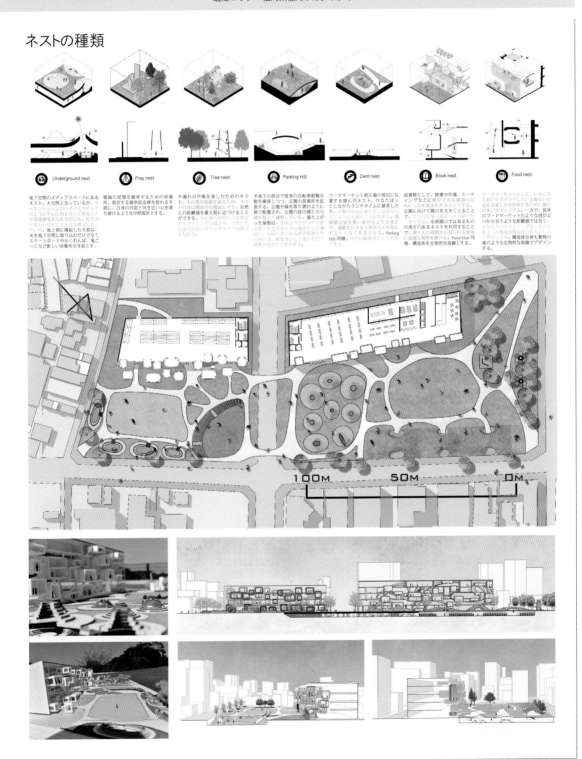

Underground nest | Pray nest | Tree nest | Parking Hill | Dent nest | Book nest | Food nest

地下空間のメディアスペースにあるネスト。大空間となっているが、マッキントッシュのハイバックチェアのように中心に向き合って座ることで領域感覚を与えながら、境界に沿って落ち着ける空間設計とする。地上部に隆起した大窓は、光を地下空間に取り込むだけでなくスケートボードやかくれんぼ、鬼ごっこなど新しい活動を引き起こす。

戦禍の記憶を継承するための居場所。現存する戦争記念碑を悼れる手前に、自身の内面と向き合い心を落ち着けるような空間設計とする。

木漏れ日や風を楽しむためのネスト。木の葉が視線を遮るため、ネスト立体が開放的な構成にでき、公園の居場所を拡張する。公園外縁を取り囲むように公形で配置され、公園の抜け感と領域を調整し調整している。盛り上がった屋根はマウラウのような高さで、遊歩を引き交う率や人を交感ることなく安息できる。Parking Hill同様、帳を屋根として通りを行く映像を見ることも出来る。

半地下の部分で従来の自転車駐輪台数を確保しつつ、公園の居場所を拡張する。公園外縁を取り囲むようにコスした形で配置され、公園の抜け感と領域を調整している。Parking Hill同様、山空の網屋根として利用できる。

フードマーケット前広場の周辺に位置する窪んだネスト。ひなたぼっこしながらランチタイムに誠笑した人間が交う率や人を交感ることなく安息できる。

図書館として、読書や作業、ミーティングなどに集中できる環境のため三方を側面に囲まれたネストとする。公園に向けて開口を大きくとることで、全周開口ではあるものの高さのあるネストを利用することで、個々人の視距から見られる感覚で、最適な場所を選べる。Food Nest同様、構造体を生物的な曲線とする。

フードマーケットとして。いろんな人がいてワイワイしている楽わいが見える楽しさを演出するため、開口部がネストとなる。一方で、従来のフードマーケットのような屋根がつっかり合うような距離感ではなく自分たちのテリトリーがしっかりとあるような領域感を出すようにデザインする。構造体自体も動物の巣のような生物的な曲線でデザインする。

100M   50M   0M

The Shibuya Placemaking Platform

明治大学大学院
理工学研究科
建築都市学専攻 I-AUD
佐々木研究室

上川 正太郎 Syotaro Kamikawa [修士2年]

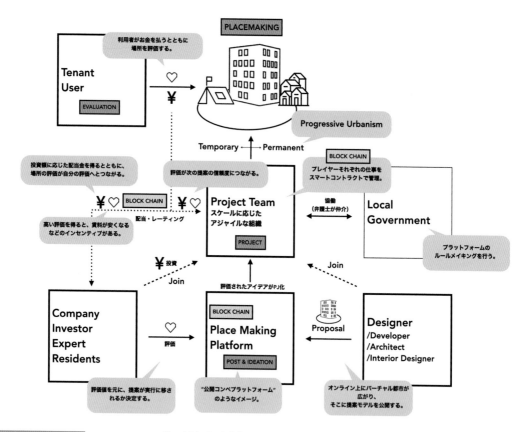

POST & IDEATION

プレイスメイキングのアイデアがプラットフォーム上に投稿されると、関心を持ったデザイナー（デベロッパーや建築家）がそのアイデアの提案モデルを公開する。企業や投資家・専門家・地域住人などのユーザーは魅力的なアイデアと提案モデルを評価する。

PROJECT

評価されたアイデアはプロジェクト化され実装に向けてチームが組織される。ブロックチェーンのスマートコントラクトを活用し、プロジェクトのスケールに応じてプレイヤーがアジャイルにチームを作ることが可能になる。

企業や投資家たちはプロジェクトに投資を行い、専門家や地域住人などはワークショップに参加し共にプロジェクトを進めていく。

PLACEMAKING

プロジェクトはテンポラリーなものからパーマネントなものへと、プラットフォームのサイクルを回しながら段階的に行われていく。

EVALUATION

利用者やテナントなどが場所を評価し、その評価が自分の社会的評価へとつながる。

例えば、地域住人はワークショップなどに積極的に参加し応援したプロジェクトが良い評価を得ると、住民税が安くなるなどのインセンティブを受け取ることができる。

都市に関心を持ち自らがプレイヤーとして参加すると社会的評価を獲得できるようになることで、従来の行政やデベロッパー主導のトップダウン的なまちづくりを解体し、よりオープンで、より活発なまちづくりを行うことが可能になる。

PRIVATE   PUBLIC

PRIVATE   PUBLIC

渋谷プレイスメイキングプラットフォームによって、私有空間と公共空間の明確な線引きは必要となくなり、黒と白の色は守りつつも、小さく砕かれ、境界は溶けるだろう。

かつてテレビや雑誌によって与えられた強くて大きな都市のイメージを消費していた人々は、現在ではスマートフォンを手に、それぞれが異なる小さな都市のイメージを描き、消費行為だけでなく発信行為も行っている。つまり、同じ場所にいても抱えている都市のイメージが一人一人異なる、そんな「マルチレイヤード」な都市が形成されているのだ。そんなマルチレイヤードな都市のプレイスメイキングはどのように行っていくべきだろうか。私が所属していた明治大学建築・アーバンデザイン研究室（佐々木研究室）と一般社団法人渋谷未来デザインは、協働で研究を行い「渋谷式プレイスメイキングメソッド」と呼ばれる都市・まちづくりの方法論を生み出した。それは、行政やデベロッパー主導によるトップダウンではなく、様々なプレイヤーがプロジェクトに自由に参加し、段階的にプレイスメイキングを行っていくというものである。本計画は、その渋谷式メソッドにブロックチェーンを組み込み「渋谷プレイスメイキングプラットフォーム」として整備したものである。そしてシステムを元に、キャラクターの異なる渋谷の3つの敷地を選択し、ケーススタディを行っている。

選定エリア：東京都渋谷区

スクランブル交差点の地下：店の評価によって私有と公共が呼応し合う商業空間

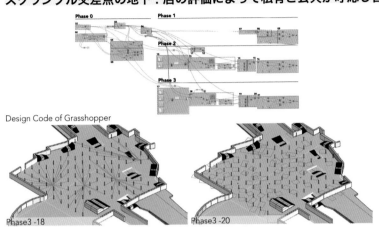

Design Code of Grasshopper

Phase3 -18

Phase3 -20

地下空間を広げ、天井を支える柱を 7.5m スパンで配置した。この場所では柱を基点として店舗配置が計画される。数ヶ月の期間を経て、優れた評価をカスタマーから獲得した店舗（左下図：伸びる線の中心）をコンテクストとして、次のフェーズの店舗配置が決定される。

店を出店したいオーナーは、店のアイデアをプラットフォームに投稿し、デザイナーや投資家とマッチングすることで店舗づくりを行っていく。

良い評価の店舗は店前の公共空間が広がり、私有と公共の一体的なデザインが可能となる。不動だった公共空間が私有空間によって変化するという逆説が、プラットフォームによって起こされる。

猿楽橋：変化が激しいスタートアップに応答するオフィスビレッジ

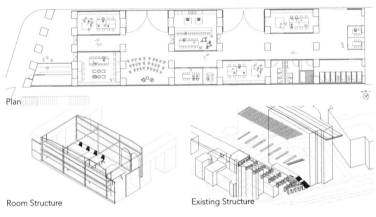

Plan

Room Structure

Existing Structure

スタートアップ企業は人数の変化が激しく、オフィスを手配するのが一苦労という問題を抱えている。猿楽橋高架下のオフィスビレッジは、高架下というポテンシャルを活かしたフレキシブルな構造（人の手で運べる軽い素材で作られた部屋）で、周辺エリアで働くクリエイティブワーカーたちの悩みを解決するだろう。

プロジェクトによって人数が大幅に増える時は、プラットフォームを利用して建築家やインテリアデザイナーと素早くマッチングし、短期間でその企業に合わせた独自のオフィスを作ることが可能だ。

プラットフォームがスタートアップの仕事を支えることで、場所のポテンシャルを高め3つのエリアのハブとして機能する。

奥渋：店舗・住人・カスタマーをつなぐストリートファニチャーと FAB CAFE

Plan

Inside View of Fab Cafe

Street Furnitures on Private Area

Plan 右上に計画された FabCafe を拠点として、地域住人や店舗がストリートファニチャーを製作する。（家具デザイナーとのマッチングはプラットフォームを利用して行われる。）

例えば、住居の私有地内に置かれたサイクルポートは、奥渋に自転車で訪れるセミローカルに利用され、彼らは近くの店舗で食事をしたり、物を買ったりする。店舗は収益アップにつながると共に、私有地を公共に開いた住民は店舗で使えるクーポンを手に入れることができる。

私有を公共に開くと共に、プラットフォームのサイクルが回り続けることでやがて、前面道路の私的利用なども可能になるのではないか。

食寝再融合

九州大学大学院　東京大学大学院
人間環境学府　工学系研究科
空間システム専攻　建築学専攻
末廣研究室　村松研究室

原 良輔　Ryosuke Hara [修士1年]
田口 未貴　Miki Taguchi [修士1年]
山根 僚太　Ryota Yamane [修士1年]
荒木 俊輔　Shunsuke Araki [修士1年]

宋 萍　Song Ping [修士1年]
程 志　Cheng Zhi [修士1年]
趙 南　Zhao Nan [研究生]

1 背景：団地の変遷

01. 食寝分離論以降の変わらない計画

西山卯三の食寝分離論に基づいて計画された団地は、高度経済成長期における豊かな暮らしを提示していた。しかしそれから数十年が経ち、ライフスタイルの多様化が進む現在において、そうした団地の画一的な計画は生活を窮屈にするものでしかなくなっている。

02. 食寝再融合

現在の団地が抱える窮屈さを解消する為、食寝分離以前の転用論が持っていた生活のフレキシブル性に着目し、世帯融合や職住融合といった様々な融合を内包した、多様な団地生活のあり方を提案する。

	団地の変遷
食寝転用論	和室が生活の中心であり、畳の用途を多目的に変換して生活していた。
1942 食寝分離論	西山卯三が住まい方調査によって、住宅における食べる場所と寝る場所を分離することを提唱。
1951 51c型	戦後の公営住宅設計の型のひとつ。食寝分離論に基づき、ダイニングキッチンが成立、普及した。
nLDK型	より個人のプライバシーを確保するために、公と私の分離が重視されるようになり、普及した住戸タイプ。
2019 食寝再融合	固定化された住戸プランではなく食寝分離前の転用可能な畳空間を復活させることで、現在の多様なライフスタイルに対応する。

2 提案：畳の共用部

01. 転用論時代の畳の使われ方

かつての日本住宅では畳の上で食事や就寝、さらには冠婚葬祭などの地域の行事ごとまで行われており、畳は場面ごとに柔軟に用途が変化するマルチスペースとして存在していた。

02. 畳の可能性

これまでの殺風景な共用部を畳の共用部に変えることで、フレキシブルな使い方のできる共用部とする。また、団地内が畳の上足空間になることで共同体としての意識が強くなる。

03. 都市機能の挿入

団地内にオフィスや託児所、カフェなどの都市機能を挿入し、かつての共同体が持っていた地域コミュニティを団地内に復活させる。

オフィス　武道場
銭湯　レストラン　寺子屋
宴会場　託児所

3 プログラム

01. 立体的に配置される都市機能

都市機能をそれぞれの関係性を考慮し、立体的に配置する。従来のベランダが一列に並ぶ殺風景なファサードは、様々なアクティビティを写すようになる。

 宴会場
 オフィス
 調理室　寺子屋　カフェ
 託児所
 銭湯
 レストラン
 武道場
 玄関

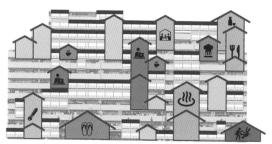

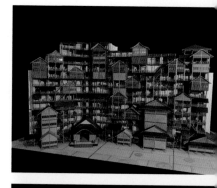

食寝分離論以降，変わらず作り続けられてきた団地。
時代が変わり，生活も大きく変化した今，食寝分離前の転用可能な畳空間を復活させることで，多様なライフスタイルに対応した「食寝再融合」というものを提案します。
西山夘三の食寝分離論に基づいて計画された団地は，高度経済成長期における豊かな暮らしを提示していました。しかしそれから数十年が経ち，かつての夢の団地住まいはすでに過去のものとなってしまいました。

ライフスタイルの多様化が進む現在において，そうした団地の画一的な計画は生活を窮屈にするものでしかなくなっています。
現在の団地が抱える窮屈さを解消する為，食寝分離以前の転用論が持っていた生活のフレキシブル性に着目し，世帯融合や職住融合といった様々な融合を内包した，多様な団地生活のあり方を創出する。

選定エリア：福岡県福岡市中央区福浜団地

この団地に住む、シングルマザーの家族を例に見てみましょう。

この家族は、シングルマザーのお母さんと小学生の息子、
2歳になる娘の3人家族です。

朝、息子を小学校へ見送ったあと、
お母さんは娘を団地の中にある託児所に預けます。
そこでは、団地に住むおじいちゃんおばあちゃんが子どもたちの面倒を見てくれます。

娘を預けたお母さんは、隣りにあるシェアオフィススペースで在宅ワークを行い、
オフィスの窓から娘の様子を片目に仕事することができます。

夕方になると息子が学校から帰ってきます。
1階の共同玄関では「ただいま!」と大きな声で挨拶しながら靴を脱ぎ、
4階の寺子屋まで裸足で畳の上を駆け上がっていきます。

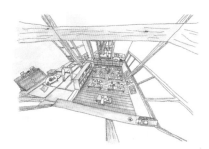

寺子屋につくと、そこでは団地に住む小学生たちが集まり、
大学生に勉強を教えてもらいます。

そして、日が暮れると夕食の時間です。
夕食は家族だけでなく、託児所でお世話になっているおじいちゃんおばあちゃんや、
勉強を教えてくれる大学生、またお隣さんなども呼んでみんなで食卓を囲みます。
6畳の小さな和室は、襖を開き、共用部の畳スペースをつなげることで大きなダイニングへと変わります。

このようにして、それぞれの足りないもの同士を補い合う関係を作り出すことで、
一つの大きな家族のような団地になるのではないでしょうか。

農山漁村の風景
地域コミュニティを読み替えるまちやどの提案

東京理科大学
理工学部
建築学科
伊藤研究室

岩田 采子 Ayako Iwata ［学部4年］

■観察

　ヨソモノである私の視点から観察すると、まちの中は"このまちらしい"ささいな風景で溢れている。それらを収集すると、海から山にかけてのわずか1kmの間に、漁村の暮らし・まちの暮らし・農村の暮らしが凝縮された、このまちの構造が見えてくる。

■提案

　それぞれから鍵となりうる敷地を3つ選定し、"このまちらしい"風景をまちやどへと読み替える。これらは地域の日常を顕在化する小さなコミュニティの場になると同時に、ヨソモノの受け皿となり、ヨソモノがこのまちの日常を体験し、入り込んでいくきっかけとなっていく。

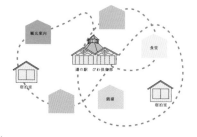

conversion

SITE C / びわのビニールハウス　「農作業小屋 × 宿泊施設」

　里山に位置するこのまちで一番大きなビニールハウス。全国2位の生産を誇るまちのびわ産業の象徴となる場所だったが、今は耕作放棄地になっている。この場所に、まちの農家さん、みんなのための作業小屋と、ヨソモノの滞在拠点となる宿泊施設を計画する。びわの生産には露地栽培とハウス栽培があり、温暖な気候の富浦町ではその両方が行われている。農家さんは、収穫したびわを手作業で袋から外し、選果を行う。そんな農家さんの日常に、この場所を訪れるヨソモノが空間を共有することにより交わることで、農村の新たな風景が作られる。

再生されたびわのハウス農園

農家さんとの共同キッチン・ダイニング

びわの選果土間

農山漁村では、その土地の自然や気候風土に適した農林漁業を営む中で、"生活の息遣い"が感じられるような、地域固有の美しい風景がつくられてきた。多くの農山漁村で少子高齢化や人口減少が避けられない今、ヨソモノを交えた新たなコミュニティにより、農山漁村のこれからを考えていく必要があるのではないだろうか。

本設計は、千葉県南房総市富浦町を対象としたまちやど計画である。房総半島の南端に位置する南房総市は、温暖な気候や海に囲まれた地形を活かした農業や漁業が盛んに営まれてきた。近年では、東京から100km圏内という都市部の住民にとっても比較的身近な立地から、移住希望者や2拠点生活を考える人からの注目を集めている。

そこで、まちの構造の再発見を通して、"このまちらしい風景"をまちの人、ヨソモノみんなのためのまちやどへと読み替えることで、日常にヨソモノが介入する農山漁村の新たな風景を構築していくことを試みた。新たな地域コミュニティにより農山漁村の美しい風景が未来へとつながっていくことを願って。

選定エリア：千葉県南房総市富浦町

new construction

SITE B / 国道沿い バス停 「バス停 × 観光案内所」

まちの骨格である国道127号沿い、富浦小学校前に位置するバス停。毎日、小学生が登下校のために利用したり、まちのご老人が休憩に利用するなど、まちのちょっとしたコミュニティを形成している。このバス停に観光案内所の機能を付加した建築を設計する。まちやどのレセプションである観光案内所へ訪れるヨソモノが、自然とまちのコミュニティに入り込むきっかけを生む。

学校を終えバス停に向かう小学生

自転車を借りまちへ繰り出すヨソモノ

new construction & renovation

SITE A / 海辺の民宿とシャワー小屋 「銭湯 × 銭湯」

海水浴場のすぐそばに位置する民宿とシャワー小屋。夏場、たくさんの海水浴客で賑わうこの場所も、シーズンを外れるとまちの人々や漁師さんの生活が垣間見える静かな海になる。この場所に、まちの人々、漁師さん、ヨソモノ、みんなのための銭湯を計画する。銭湯を取り巻き海へと広がるストラクチャは、時には漁を終えた漁師さんがやってきて干物をつくる場所となり、時にはまちの人々の井戸端会議が行われ、時には海水浴にきたヨソモノが腰掛ける。様々な目的を持った人々により自由に使われる建築が、新たな漁村の風景をつくっていく。

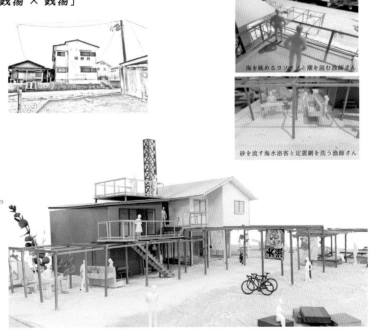

海を眺めるヨソモノと潮を読む漁師さん

砂を流す海水浴客と定置網を洗う漁師さん

合格実績 NO.1

2019~2015年度 1級建築士 学科試験

合格者占有率 50.0%

全国合格者合計24,436名中／
当学院受講生12,228名
（2019年9月10日現在）

全国合格者の2人に1人以上は当学院の受講生!

2019年度1級建築士学科試験に合格し、2019年度1級建築士設計製図試験にストレートで合格した方です。

おかげさまで
総合資格学院は「合格実績日本一」を達成しました。
これからも有資格者の育成を通じて、
業界の発展に貢献して参ります。

総合資格学院
学院長　岸 隆司

2019年度 2級建築士 設計製図試験

当学院当年度受講生合格者数

2,080名

全国合格者の4割以上（占有率41.3%）は
当学院の当年度受講生! 全国合格者数5,037名

※全国合格者数は、(公財)建築技術教育普及センター発表による。

当学院基準達成当年度受講生合格率

80.2%

全国合格率46.3%に対して

9割出席・9割宿題提出・模擬試験2ランクI達成
当年度受講生1,206名中／合格者967名
（2019年12月5日現在）

2019年度 2級建築施工管理技術検定 実地試験

当学院基準達成当年度受講生合格率 79.5%

全国合格率27.1%に対して

7割出席・7割宿題提出
当年度受講生73名中／合格者58名（2020年1月31日現在）
※学科試験合格者を対象としています。

2019年度 設備設計1級建築士講習 修了考査

当学院当年度受講生修了率 84.8%

全国修了率67.6%に対して

当学院当年度受講生46名中／修了者39名
（2019年12月18日現在）

2019年度 建築設備士 第二次試験

当学院基準達成当年度受講生合格率 89.6%

全国合格率54.3%に対して

8割出席・8割宿題提出
当年度受講生67名中／合格者60名（2019年11月7日現在）

2019年度 1級建築施工管理技術検定 実地試験

当学院基準達成当年度受講生合格率 83.1%

全国合格率46.5%に対して

9割出席・9割宿題提出
当年度受講生758名中／合格者630名（2020年2月6日現在）

※総合資格学院の合格実績には、模擬試験のみの受験生、教材購入者、無料の役務提供者、過去受講生は一切含まれておりません。

建設業界に特化した 新卒学生就活情報サイト
総合資格navi

建築関係の資格スクールとしてトップを走り続ける総合資格学院による、建築学生向けの就活支援サイト。長年業界で培ったノウハウとネットワークを活かして、さまざまな情報やサービスを提供していきます。

スマートフォンから
直接アクセス⇒

開講講座一覧	1級・2級建築士	構造設計/設備設計1級建築士	建築設備士	1級・2級建築施工管理技士	1級・2級土木施工管理技士	法定講習	一級・二級・木造建築士定期講習	第一種電気工事士定期講習	宅建登録講習
	1級・2級管工事施工管理技士	1級造園施工管理技士	宅地建物取引士	賃貸不動産経営管理士	インテリアコーディネーター		管理建築士講習	監理技術者講習	宅建登録実務講習

2020 第7回 都市・まちづくりコンクール

発行日   2020年 9 月 29 日

編　著   都市・まちづくりコンクール実行委員会
              株式会社 総合資格

発行人   岸 隆司
発行元   株式会社 総合資格　総合資格学院
              〒163-0557　東京都新宿区西新宿 1-26-2 新宿野村ビル 22 F
              TEL 03-3340-6714（出版局）
株式会社 総合資格   http://www.sogoshikaku.co.jp/
総合資格学院   https://www.shikaku.co.jp/
総合資格学院 出版サイト   https://www.shikaku-books.jp/

編　集   株式会社 総合資格 出版局（梶田悠月）
表紙デザイン   株式会社 総合資格 出版局（三宅 崇）
デザイン・DTP   朝日メディアインターナショナル 株式会社
印　刷   シナノ書籍印刷 株式会社

ISBN 978-4-86417-364-3
Printed in Japan